KB101279

초코

교과서 달달 풀기

초등 수학

2-2

미리 풀고, 다시 풀면서
초등 수학 학습력을 키우는

WRITERS

미래엔콘텐츠연구회
No.1 Content를 개발하는 교육 콘텐츠 연구회

COPYRIGHT

인쇄일 2024년 8월 12일(1판1쇄)
발행일 2024년 8월 12일

펴낸이 신광수
펴낸곳 (주)미래엔
등록번호 제16-67호

융합콘텐츠개발실장 황은주
개발책임 정은주 **개발** 장혜승, 이신성, 박새연

디자인실장 손현지
디자인책임 김기욱 **디자인** 이명희

CS본부장 강윤구
제작책임 강승훈

ISBN 979-11-6841-867-7

* 본 도서는 저작권법에 의하여 보호받는 저작물로, 협의 없이 복사, 복제할 수 없습니다.
* 파본은 구입처에서 교환 가능하며, 관련 법령에 따라 환불해 드립니다.
  단, 제품 훼손 시 환불이 불가능합니다.

수학 공부의 첫 걸음은 개념을 이해하고 익히는 거예요.
"초코 교과서 달달 풀기"와 함께
개념을 학습하고 교과서 문제를 풀어보면
기본을 다질 수 있고, 수학 실력도 쌓을 수 있어요.

자, 그러면 계획을 세워서 수학 공부를 꾸준히 해 볼까요?

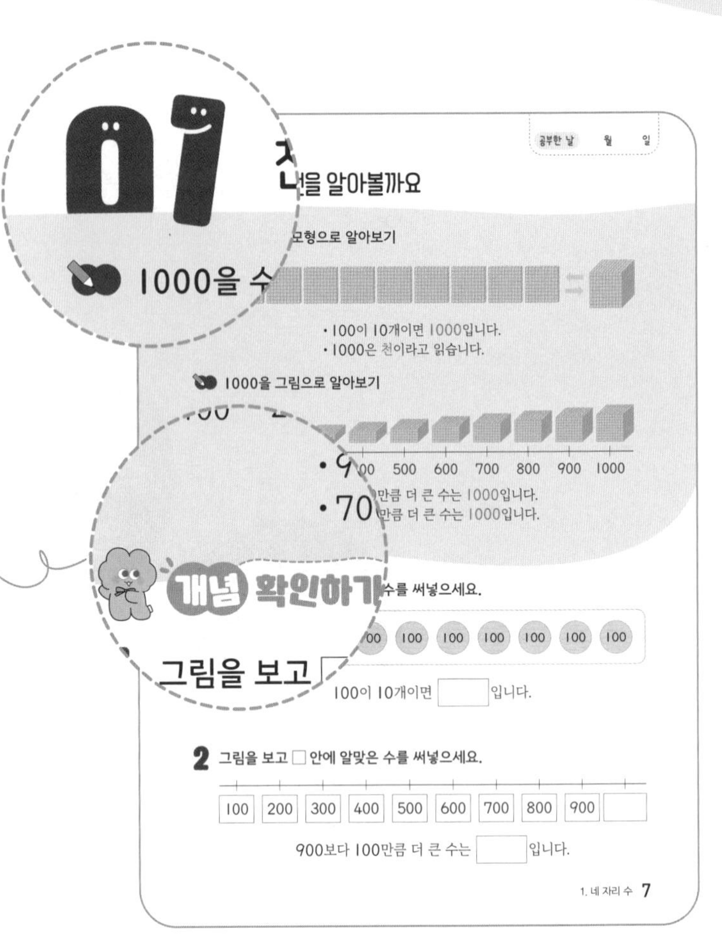

- 교과서 내용을 바탕으로 개념을 체계적으로 구성하였습니다.
- 학습 내용을 그림이나 도형, 첨삭 등을 이용해 시각적으로 표현하여 이해를 돕습니다.

- 빈칸 채우기, 단답형 등 개념을 바로 적용하고 확인할 수 있는 기본 문제로 구성하였습니다.

- 교과서와 똑 닮은 쌍둥이 문제로 구성하였습니다.
- 학습한 개념을 다양한 문제에 적용해 보면서 개념을 익히고 자신의 부족한 부분을 채울 수 있습니다.

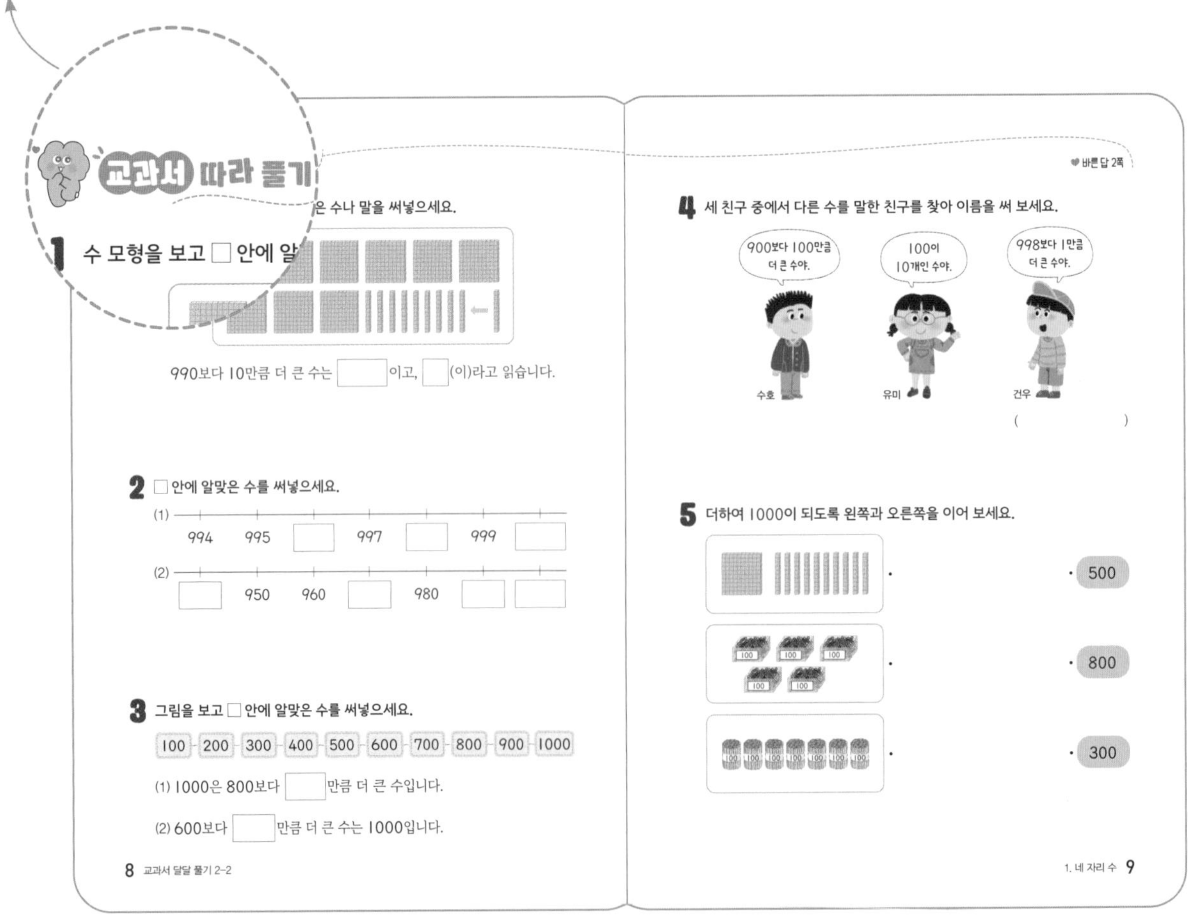

● 응용 문제를 수록하여 문제 푸는 실력을 향상시킬 수 있도록 하였습니다.

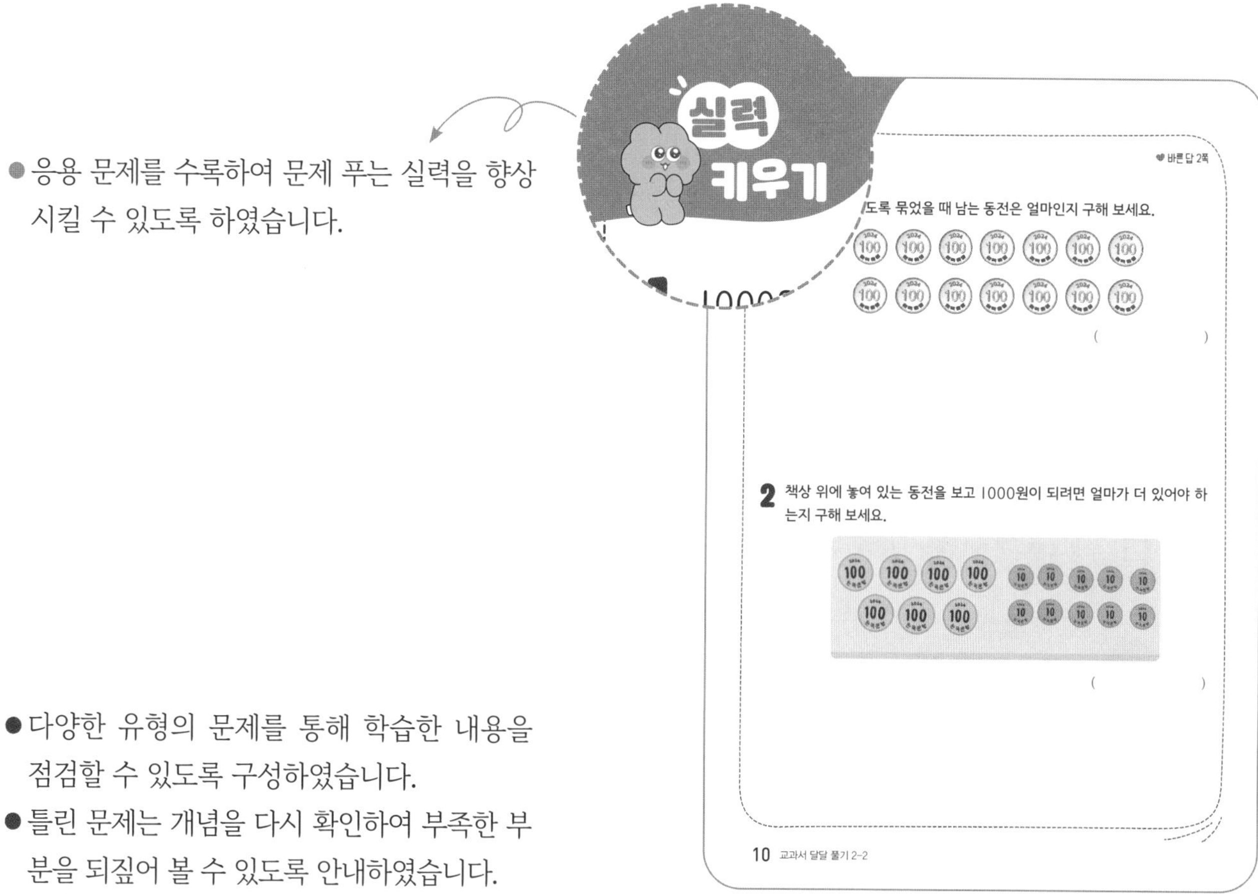

● 다양한 유형의 문제를 통해 학습한 내용을 점검할 수 있도록 구성하였습니다.

● 틀린 문제는 개념을 다시 확인하여 부족한 부분을 되짚어 볼 수 있도록 안내하였습니다.

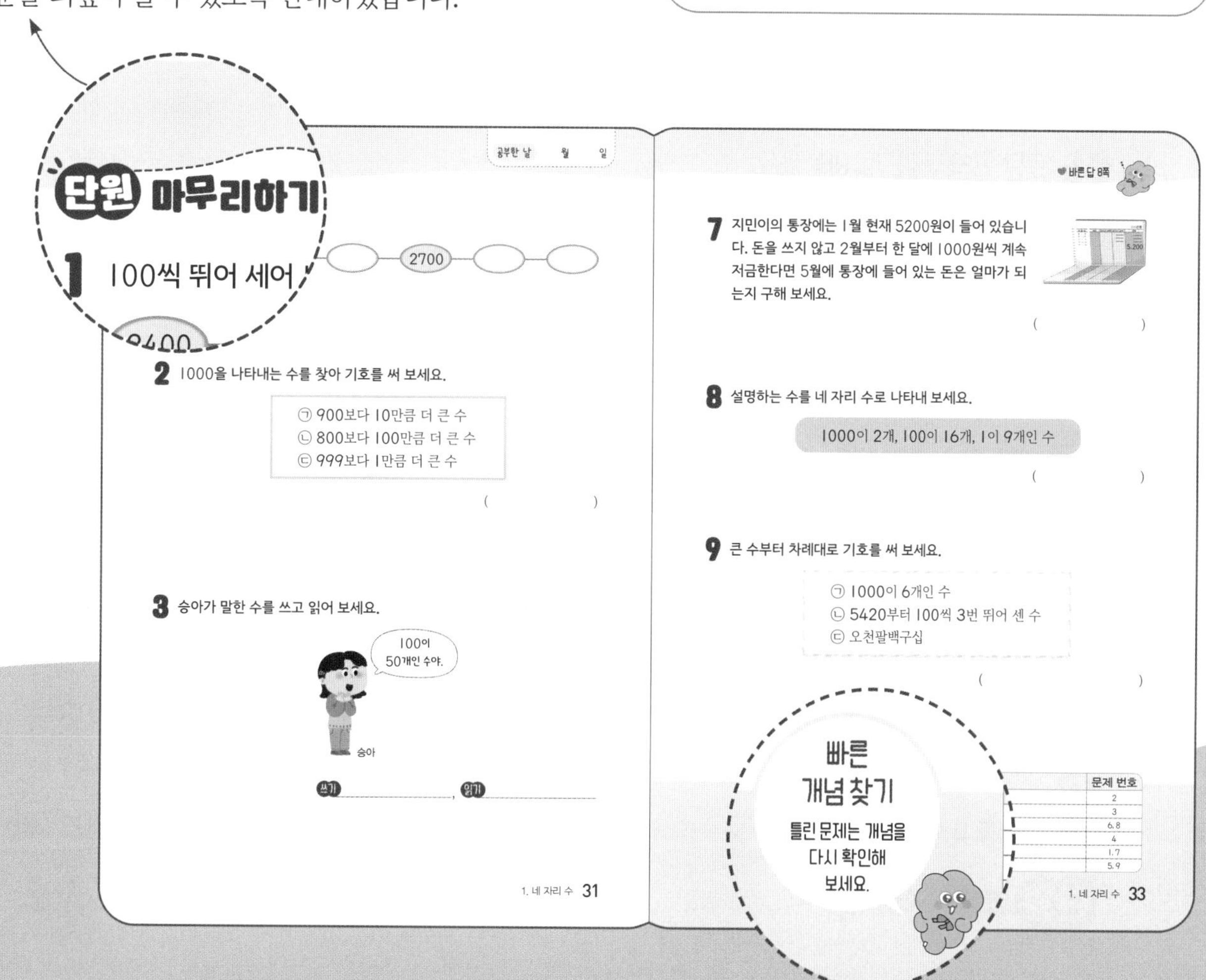

1 네 자리 수

01 천을 알아볼까요 ······ 7쪽
02 몇천을 알아볼까요 ······ 11쪽
03 네 자리 수를 알아볼까요 ······ 15쪽
04 각 자리의 숫자는 얼마를 나타낼까요 ······ 19쪽
05 뛰어 세어 볼까요 ······ 23쪽
06 수의 크기를 비교해 볼까요 ······ 27쪽
단원 마무리하기 ······ 31쪽

2 곱셈구구

01 2단 곱셈구구를 알아볼까요 ······ 35쪽
02 5단 곱셈구구를 알아볼까요 ······ 39쪽
03 3단, 6단 곱셈구구를 알아볼까요 ······ 43쪽
04 4단, 8단 곱셈구구를 알아볼까요 ······ 47쪽
05 7단 곱셈구구를 알아볼까요 ······ 51쪽
06 9단 곱셈구구를 알아볼까요 ······ 55쪽
07 1단 곱셈구구와 0의 곱을 알아볼까요 ······ 59쪽
08 곱셈표를 만들어 볼까요 ······ 63쪽
단원 마무리하기 ······ 67쪽

3 길이 재기

01 cm보다 더 큰 단위를 알아볼까요 ······ 71쪽
02 자로 길이를 재어 볼까요 ······ 75쪽
03 길이의 합을 구해 볼까요 ······ 79쪽
04 길이의 차를 구해 볼까요 ······ 83쪽
05 길이를 어림해 볼까요(1) ······ 87쪽
06 길이를 어림해 볼까요(2) ······ 91쪽
단원 마무리하기 ······ 95쪽

4 시각과 시간

01 몇 시 몇 분을 읽어 볼까요(1) ············ 99쪽
02 몇 시 몇 분을 읽어 볼까요(2) ············ 103쪽
03 여러 가지 방법으로 시각을 읽어 볼까요 ············ 107쪽
04 1시간을 알아볼까요 ············ 111쪽
05 걸린 시간을 알아볼까요 ············ 115쪽
06 하루의 시간을 알아볼까요 ············ 119쪽
07 달력을 알아볼까요 ············ 123쪽
단원 마무리하기 ············ 127쪽

5 표와 그래프

01 자료를 분류하여 표로 나타내 볼까요 ············ 131쪽
02 자료를 조사하여 표로 나타내 볼까요 ············ 135쪽
03 자료를 분류하여 그래프로 나타내 볼까요 ············ 139쪽
04 표와 그래프를 보고 무엇을 알 수 있을까요 ············ 143쪽
05 표와 그래프로 나타내 볼까요 ············ 147쪽
단원 마무리하기 ············ 151쪽

6 규칙 찾기

01 무늬에서 규칙을 찾아볼까요(1) ············ 155쪽
02 무늬에서 규칙을 찾아볼까요(2) ············ 159쪽
03 쌓은 모양에서 규칙을 찾아볼까요 ············ 163쪽
04 덧셈표에서 규칙을 찾아볼까요 ············ 167쪽
05 곱셈표에서 규칙을 찾아볼까요 ············ 171쪽
06 생활에서 규칙을 찾아볼까요 ············ 175쪽
단원 마무리하기 ············ 179쪽

네 자리 수

개념	공부 계획
01 천을 알아볼까요	월 일
02 몇천을 알아볼까요	월 일
03 네 자리 수를 알아볼까요	월 일
04 각 자리의 숫자는 얼마를 나타낼까요	월 일
05 뛰어 세어 볼까요	월 일
06 수의 크기를 비교해 볼까요	월 일
단원 마무리하기	월 일

천을 알아볼까요

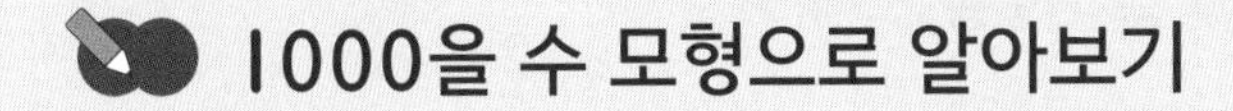

1000을 수 모형으로 알아보기

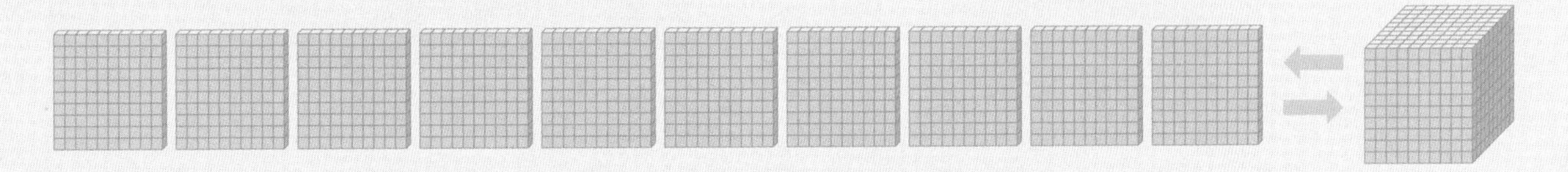

• 100이 10개이면 1000입니다.
• 1000은 천이라고 읽습니다.

1000을 그림으로 알아보기

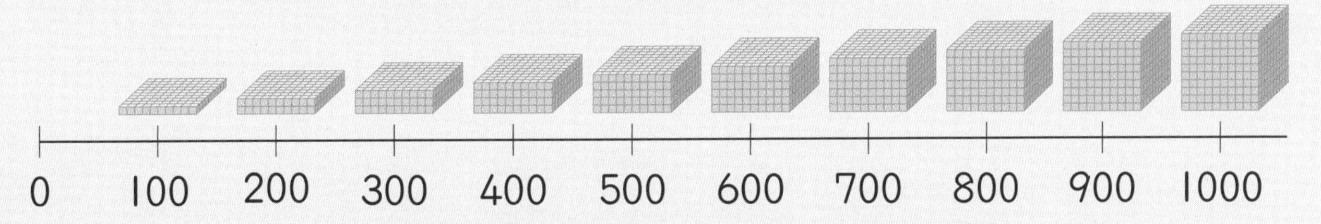

• 900보다 100만큼 더 큰 수는 1000입니다.
• 700보다 300만큼 더 큰 수는 1000입니다.

개념 확인하기

1 그림을 보고 □ 안에 알맞은 수를 써넣으세요.

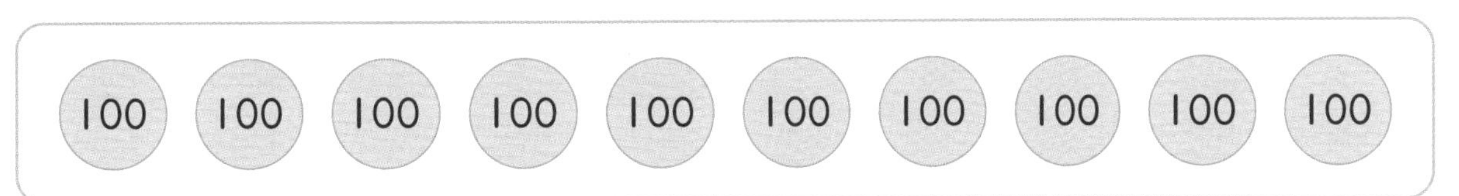

100이 10개이면 □입니다.

2 그림을 보고 □ 안에 알맞은 수를 써넣으세요.

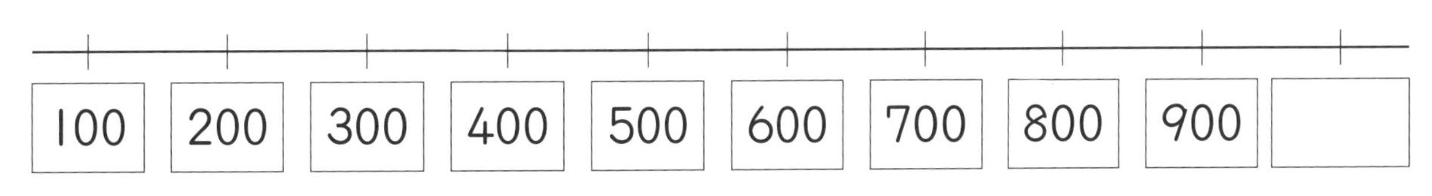

900보다 100만큼 더 큰 수는 □입니다.

1 수 모형을 보고 □ 안에 알맞은 수나 말을 써넣으세요.

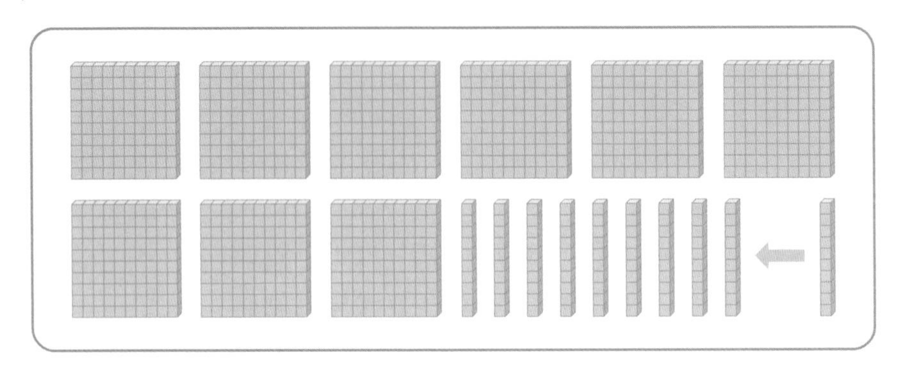

990보다 10만큼 더 큰 수는 □이고, □(이)라고 읽습니다.

2 □ 안에 알맞은 수를 써넣으세요.

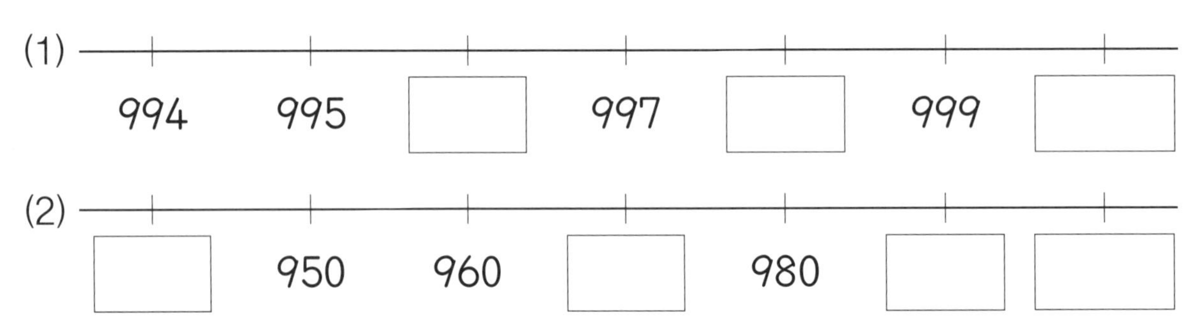

3 그림을 보고 □ 안에 알맞은 수를 써넣으세요.

100 - 200 - 300 - 400 - 500 - 600 - 700 - 800 - 900 - 1000

(1) 1000은 800보다 □만큼 더 큰 수입니다.

(2) 600보다 □만큼 더 큰 수는 1000입니다.

바른 답 2쪽

4 세 친구 중에서 다른 수를 말한 친구를 찾아 이름을 써 보세요.

( )

5 더하여 1000이 되도록 왼쪽과 오른쪽을 이어 보세요.

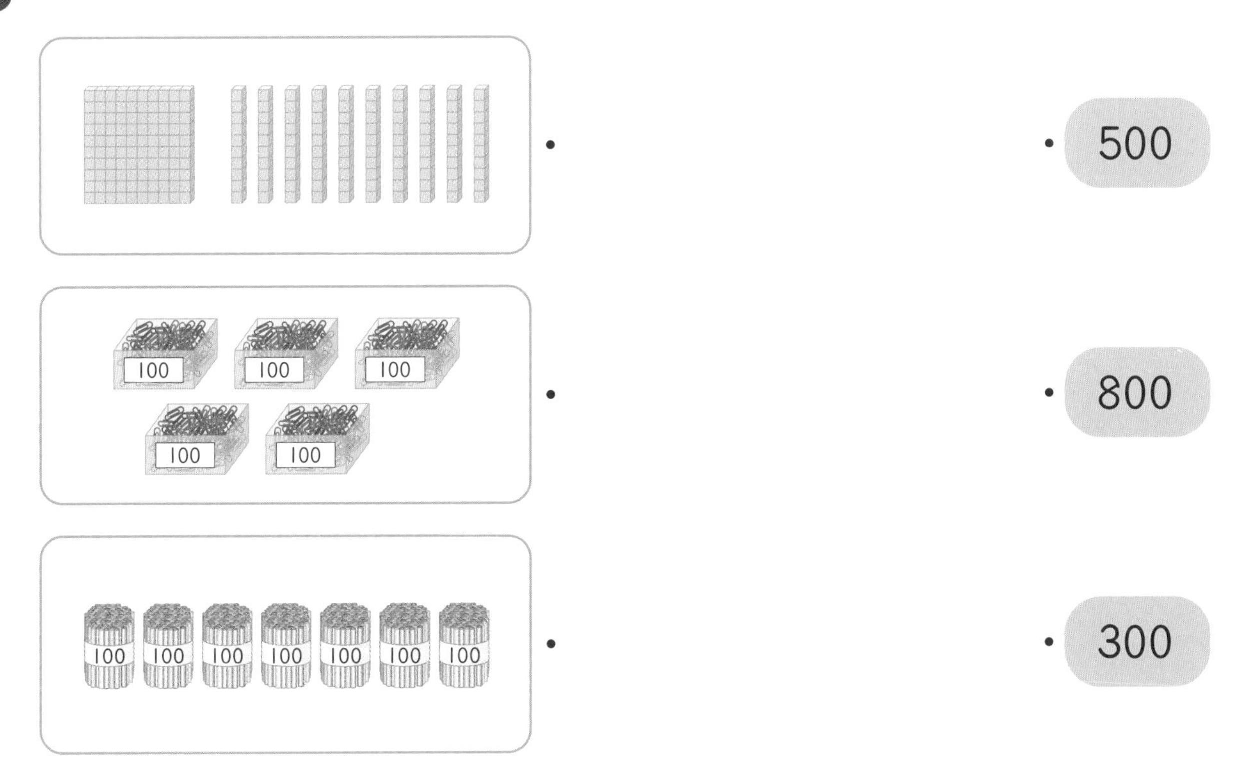

바른 답 2쪽

1 1000원이 되도록 묶었을 때 남는 동전은 얼마인지 구해 보세요.

( )

2 책상 위에 놓여 있는 동전을 보고 1000원이 되려면 얼마가 더 있어야 하는지 구해 보세요.

( )

02 몇천을 알아볼까요

4000을 수 모형으로 알아보기

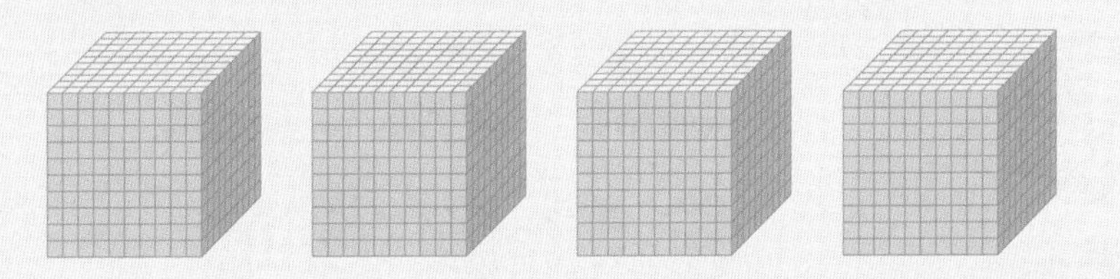

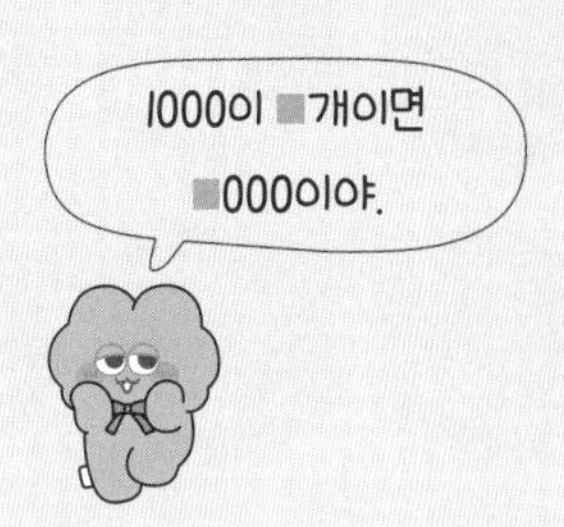

- 1000이 4개이면 4000입니다.
- 4000은 사천이라고 읽습니다.

몇천을 쓰고 읽기

수	쓰기	읽기	수	쓰기	읽기
1000이 2개	2000	이천	1000이 6개	6000	육천
1000이 3개	3000	삼천	1000이 7개	7000	칠천
1000이 4개	4000	사천	1000이 8개	8000	팔천
1000이 5개	5000	오천	1000이 9개	9000	구천

1 수 모형이 나타내는 수를 □ 안에 써넣으세요.

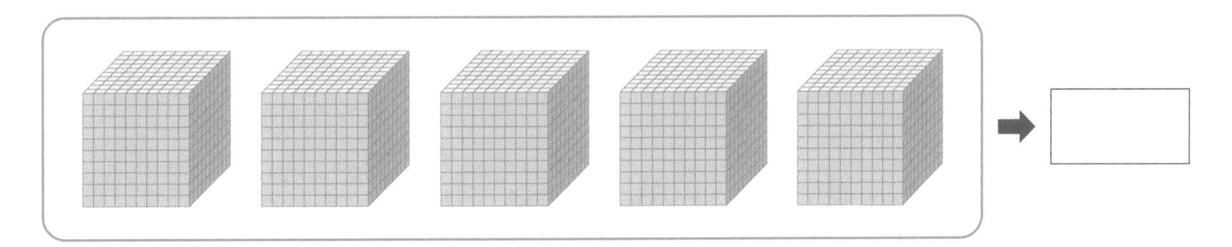

2 8000만큼 색칠해 보세요.

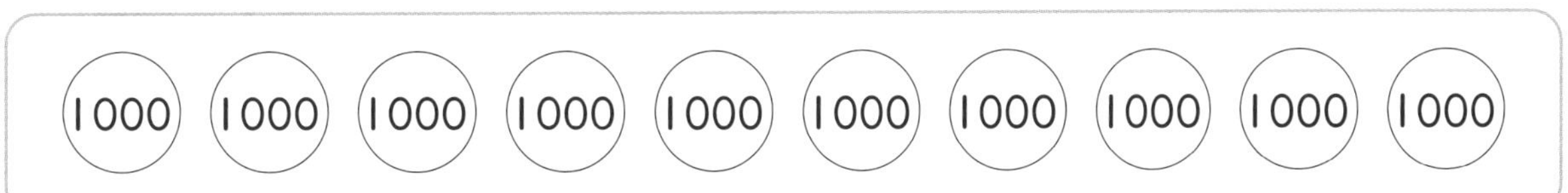

1 그림이 나타내는 수를 쓰고 읽어 보세요.

(1)

쓰기 ______

읽기 ______

(2)

쓰기 ______

읽기 ______

2 (100)을 2000이 되도록 묶어 보세요.

100 100 100 100 100 100 100 100 100 100
100 100 100 100 100 100 100 100 100 100
100 100 100 100 100 100 100 100 100 100

3 친구들이 말한 수를 □ 안에 써넣으세요.

바른 답 3쪽

4 친구의 생일 선물로 8000원만큼 사려고 합니다. 생일 선물로 살 수 있는 것을 두 가지 골라 ○표 하세요.

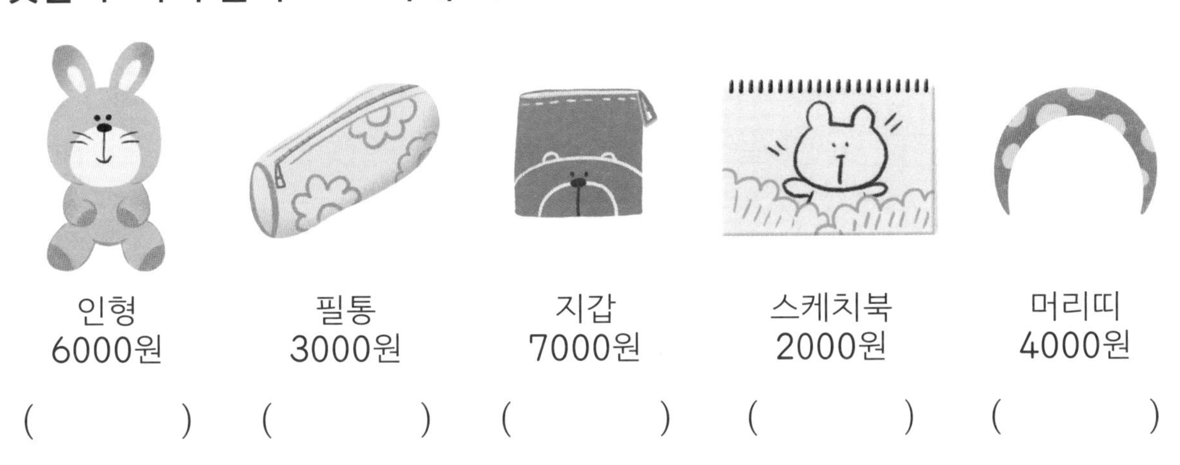

인형	필통	지갑	스케치북	머리띠
6000원	3000원	7000원	2000원	4000원
(　　)	(　　)	(　　)	(　　)	(　　)

5 수빈이네 가족은 텔레비전을 보다가 전화로 한 통화에 1000원인 이웃 돕기 성금을 5번 냈습니다. 수빈이네 가족이 낸 성금은 모두 얼마인지 구해 보세요.

(　　　　　)

1 나타내는 수가 다른 하나를 찾아 기호를 써 보세요.

㉠ 7000	㉡ 100이 70개인 수
㉢ 칠천	㉣ 1000이 6개인 수

(　　　　　　　　)

2 귤이 한 상자에 100개씩 들어 있습니다. 40상자에는 귤이 모두 몇 개 들어 있는지 구해 보세요.

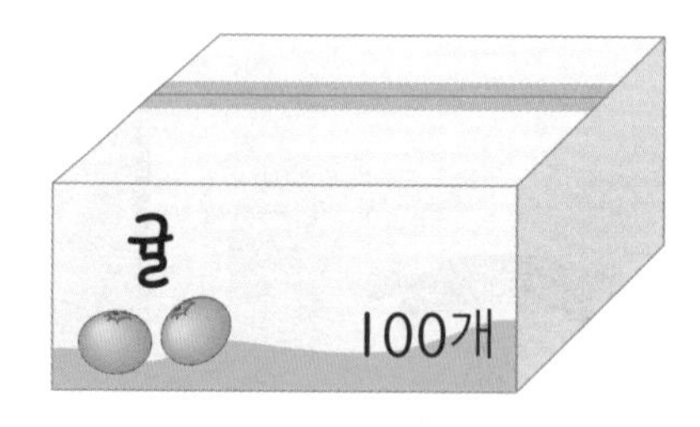

(　　　　　　　　)

03 네 자리 수를 알아볼까요

2156을 알아보기

천 모형	백 모형	십 모형	일 모형
1000이 2 개	100이 1 개	10이 5 개	1이 6 개

➡ 1000이 2개, 100이 1개, 10이 5개, 1이 6개이면

2 1 5 6 이고, 이천백오십육이라고 읽습니다.

1 수 모형을 보고 □ 안에 알맞은 수를 써넣으세요.

천 모형	백 모형	십 모형	일 모형
1000이 1개	100이 □개	10이 □개	1이 □개

수 모형이 나타내는 수는 □입니다.

2 수를 읽어 보세요.

(1) 5326

읽기 ____________

(2) 7418

읽기 ____________

1 그림을 보고 □ 안에 알맞은 수나 말을 써넣으세요.

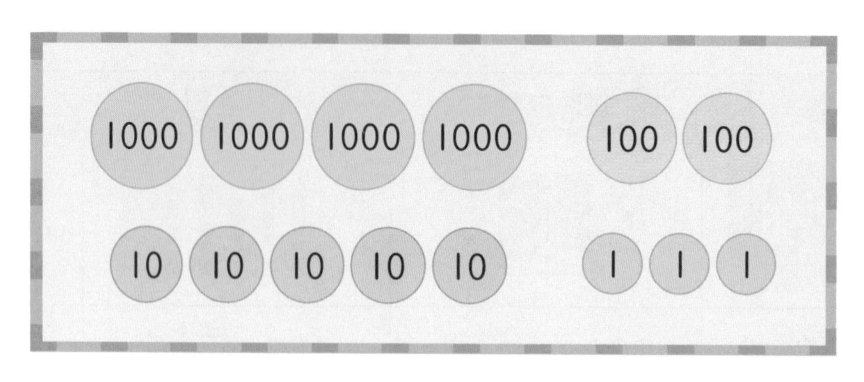

1000이 □개, 100이 □개, 10이 □개, 1이 □개이면 □(이)고, □(이)라고 읽습니다.

2 □ 안에 알맞은 수를 써넣으세요.

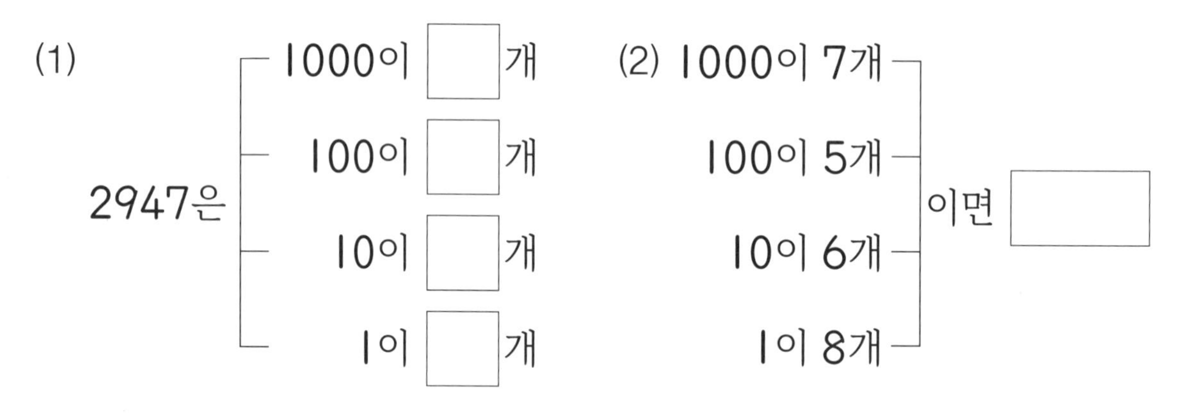

3 3145를 (1000), (100), (10), (1)을 사용하여 나타내 보세요.

4 경환이가 학교에 갈 때 타는 버스를 찾아 ○표 하세요.

( ) ( ) ( ) ( )

5~6 효진이는 편의점에서 초콜릿과 아이스크림을 각각 한 개씩 샀습니다. 물음에 답해 보세요.

5 효진이가 낸 돈에서 초콜릿 한 개의 가격만큼을 묶어 보세요.

6 **5**에서 묶고 남은 돈을 보고 아이스크림의 가격을 써 보세요.

( )

바른 답 4쪽

1 수로 나타냈을 때 0을 2개 써야 하는 것을 모두 찾아 색칠해 보세요.

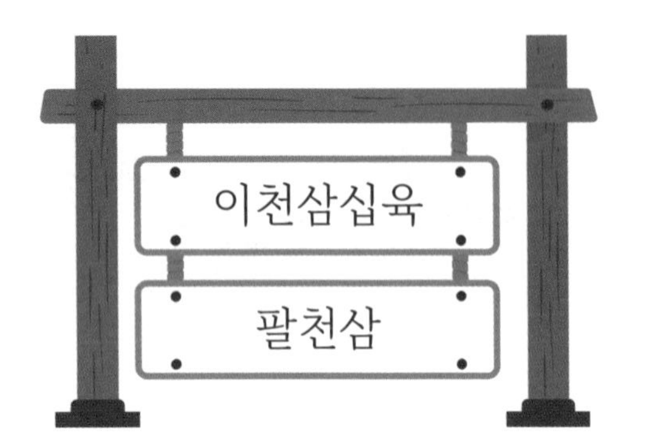

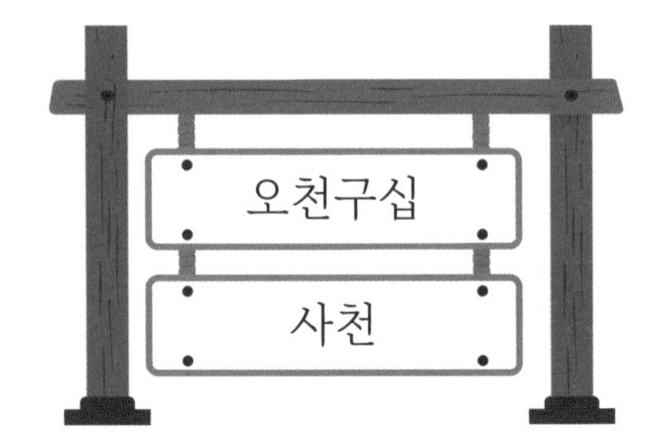

2 경호는 어머니에게 받은 용돈을 용돈 기입장에 기록해 놓습니다. 6월 7일에 경호가 받은 용돈은 모두 얼마인지 구해 보세요.

경호의 용돈 기입장

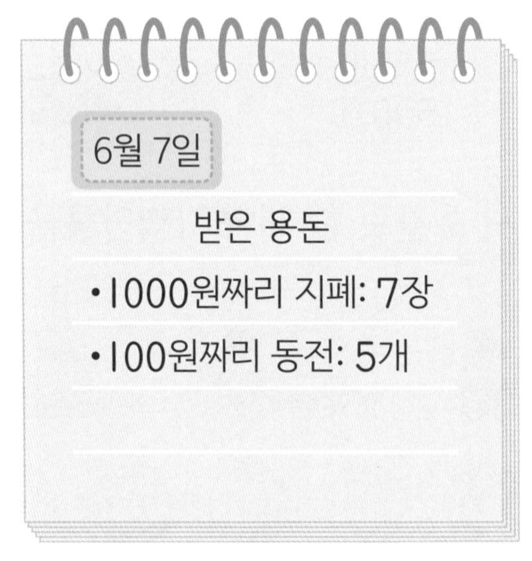

( )

각 자리의 숫자는 얼마를 나타낼까요

7425에서 각 자리의 숫자가 얼마를 나타내는지 알아보기

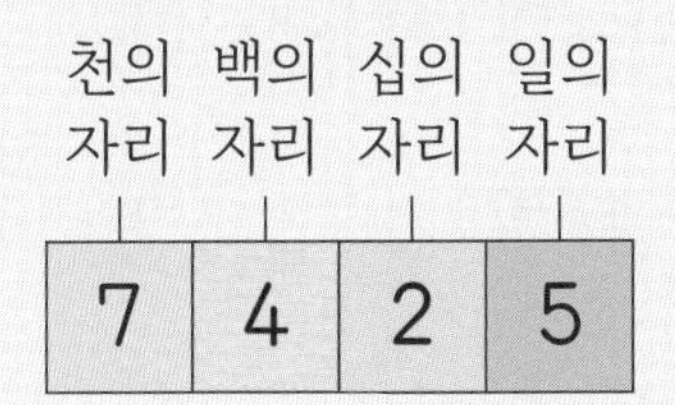

7	0	0	0
	4	0	0
		2	0
			5

① 7은 천의 자리 숫자이고 7000을 나타냅니다.
② 4는 백의 자리 숫자이고 400을 나타냅니다.
③ 2는 십의 자리 숫자이고 20을 나타냅니다.
④ 5는 일의 자리 숫자이고 5를 나타냅니다.
➡ 7425=7000+400+20+5

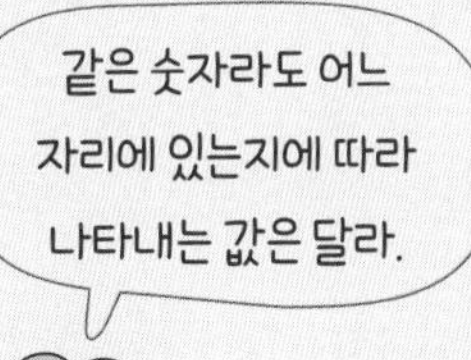

개념 확인하기

1 6548에서 각 자리의 숫자가 얼마를 나타내는지 □ 안에 알맞은 수를 써넣으세요.

천의 자리	백의 자리	십의 자리	일의 자리
6	5	□	8
1000이 6개	100이 □개	10이 4개	1이 □개
□	500	□	8

2 밑줄 친 숫자 3이 30을 나타내는 수에 ○표 하세요.

4<u>3</u>26 ( )　　71<u>3</u>5 ( )

1 □ 안에 알맞은 수를 써넣으세요.

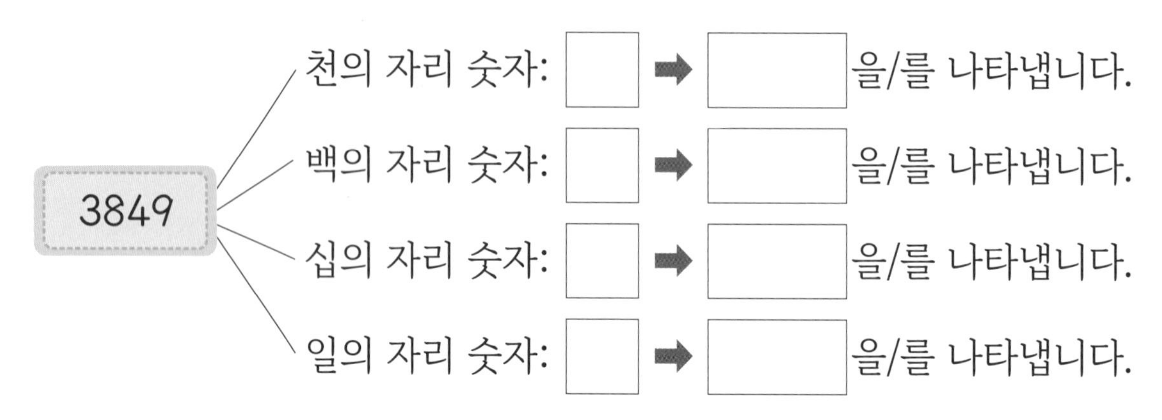

2 보기 와 같이 빨간색 숫자는 얼마를 나타내는지 써 보세요.

보기
2615 ➡ 600

(1) 5923 ➡ (　　　　　　　　)　(2) 8216 ➡ (　　　　　　　　)

3 보기 와 같이 나타내려고 합니다. □ 안에 알맞은 수를 써넣으세요.

보기
4273=4000+200+70+3

(1) 2845=□+□+□+□

(2) 7362=□+□+□+□

바른 답 5쪽

4 백의 자리 숫자가 5인 것을 모두 찾아 색칠해 보세요.

5 은아는 수 카드를 한 번씩만 사용하여 네 자리 수를 만들려고 합니다. 십의 자리 숫자가 60을 나타내는 네 자리 수를 2개 만들어 보세요.

( ), ( )

바른 답 5쪽

1 숫자 4가 나타내는 값이 가장 큰 수에 ○표, 가장 작은 수에 △표 하세요.

( ) ( ) ( ) ( )

2 공에 적힌 수를 한 번씩만 사용하여 네 자리 수를 만들려고 합니다. 천의 자리 숫자가 8, 십의 자리 숫자가 3인 네 자리 수를 모두 만들어 보세요.

( ), ( )

05 뛰어 세어 볼까요

1000씩, 100씩, 10씩, 1씩 뛰어 세기

(1) 1000씩 뛰어 세기

5000 6000 7000 8000 9000 ➡ 천의 자리 수가 1씩 커집니다.

(2) 100씩 뛰어 세기

9500 9600 9700 9800 9900 ➡ 백의 자리 수가 1씩 커집니다.

(3) 10씩 뛰어 세기

9950 9960 9970 9980 9990 ➡ 십의 자리 수가 1씩 커집니다.

(4) 1씩 뛰어 세기

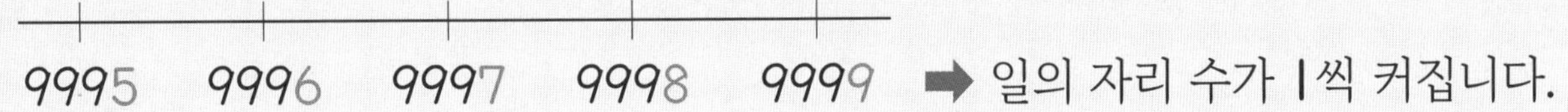

9995 9996 9997 9998 9999 ➡ 일의 자리 수가 1씩 커집니다.

개념 확인하기

1 **뛰어 센 것을 보고 알맞은 말이나 수에 ○표 하세요.**

(1)

(천 , 백 , 십)의 자리 수가 1씩 커지므로

(1000 , 100 , 10)씩 뛰어 센 것입니다.

(2)

(천 , 백 , 십)의 자리 수가 1씩 커지므로

(1000 , 100 , 10)씩 뛰어 센 것입니다.

1 빈 곳에 알맞은 수를 써넣으세요.

(1) 10씩 뛰어 세어 보세요.

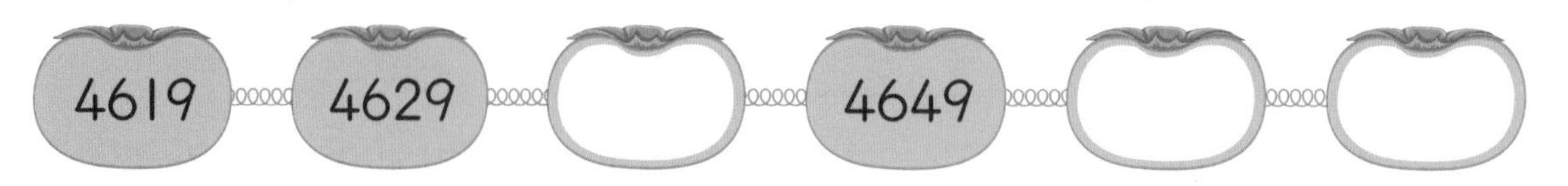

(2) 1000씩 뛰어 세어 보세요.

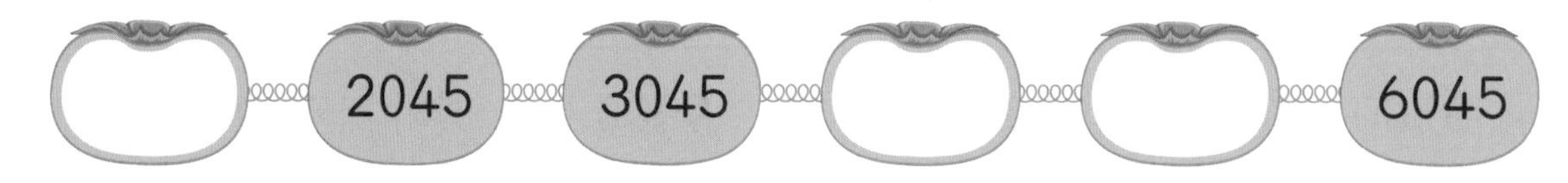

(3) 100씩 뛰어 세어 보세요.

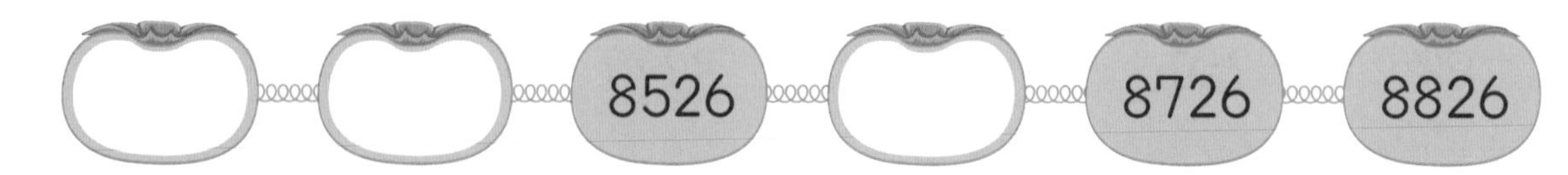

2 빈칸에 알맞은 수를 써넣으세요.

(1) 1씩 거꾸로 뛰어 세어 보세요.

(2) 1000씩 거꾸로 뛰어 세어 보세요.

(3) 10씩 거꾸로 뛰어 세어 보세요.

바른 답 6쪽

3 3720부터 100씩 커지는 수 카드입니다. 빈칸에 알맞은 수를 써넣으세요.

4 ㉠에 알맞은 수를 읽어 보세요.

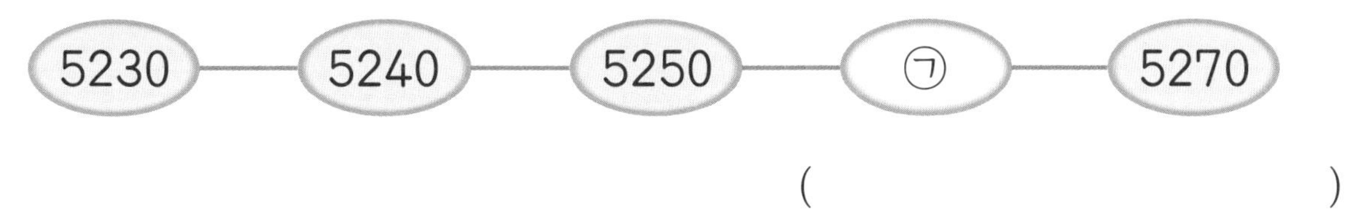

( )

5 ➡ 방향으로 100씩 뛰어 세고, ⬆ 방향으로 1000씩 뛰어 세어 보세요.

바른 답 6쪽

1 지우개 1개는 500원입니다. 다혜가 받은 용돈으로 지우개를 몇 개까지 살 수 있는지 구해 보세요.

(   )

2 영현이가 말한 수에서 1000씩 4번 뛰어 센 수를 구해 보세요.

(   )

06 수의 크기를 비교해 볼까요

3824와 3827의 크기를 비교하기

	천의 자리	백의 자리	십의 자리	일의 자리
3824 ➡	3	8	2	4
3827 ➡	3	8	2	7

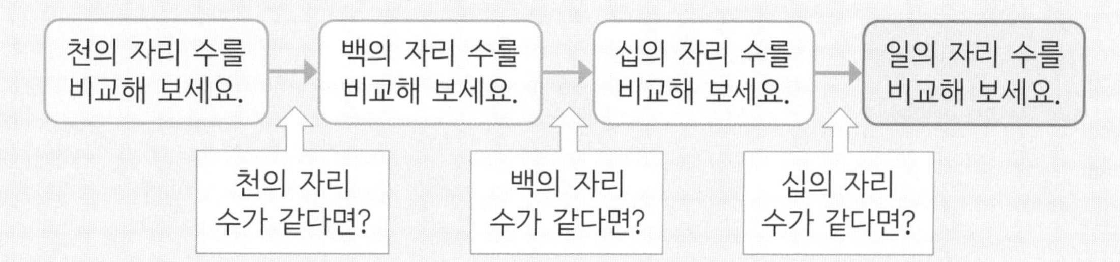

천의 자리, 백의 자리, 십의 자리 수가 각각 같으므로 일의 자리 수를 비교합니다.

$3824 < 3827$

$4 < 7$

개념 확인하기

1 수 모형을 보고 알맞은 말에 ○표 하세요.

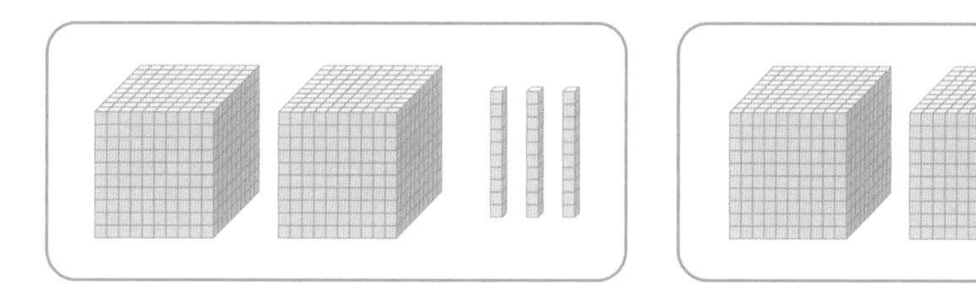

2030은 2010보다 (큽니다 , 작습니다).

2 두 수의 크기를 비교하여 ○ 안에 > 또는 <를 알맞게 써넣으세요.

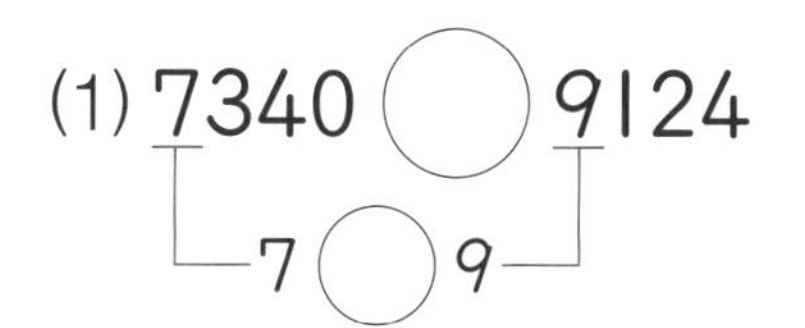
(1) 7340 ○ 9124

7 ○ 9

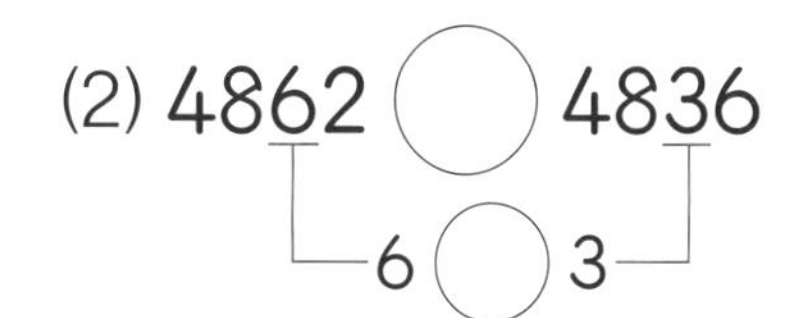
(2) 4862 ○ 4836

6 ○ 3

1 빈칸에 알맞은 수를 써넣고, 두 수의 크기를 비교하여 ○ 안에 >, =, <를 알맞게 써넣으세요.

	천의 자리	백의 자리	십의 자리	일의 자리
5248 ➡				
5271 ➡				

5248 ○ 5271

2 두 수의 크기를 비교하여 ○ 안에 >, =, <를 알맞게 써넣으세요.

(1) 2360 ○ 3150

(2) 6743 ○ 6692

(3) 5070 ○ 5007

(4) 4826 ○ 4829

3 수의 크기를 비교하여 가장 작은 수를 찾아 ○표 하세요.

(1)

(2)

4 학교에서 유하네 집과 진호네 집 중에서 어느 곳이 더 먼지 써 보세요.

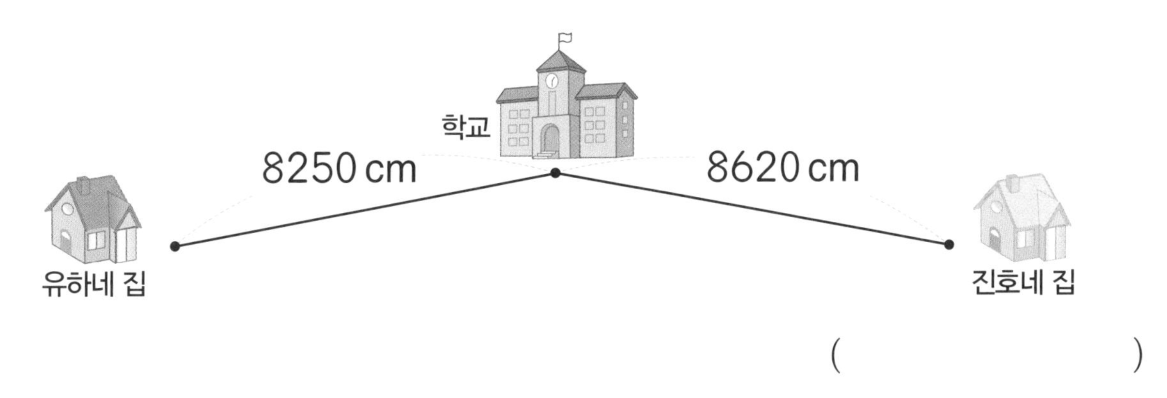

( )

5 컵에 적힌 수를 한 번씩만 사용하여 네 자리 수를 만들려고 합니다. 만들 수 있는 네 자리 수 중에서 가장 큰 수와 가장 작은 수를 각각 구해 보세요.

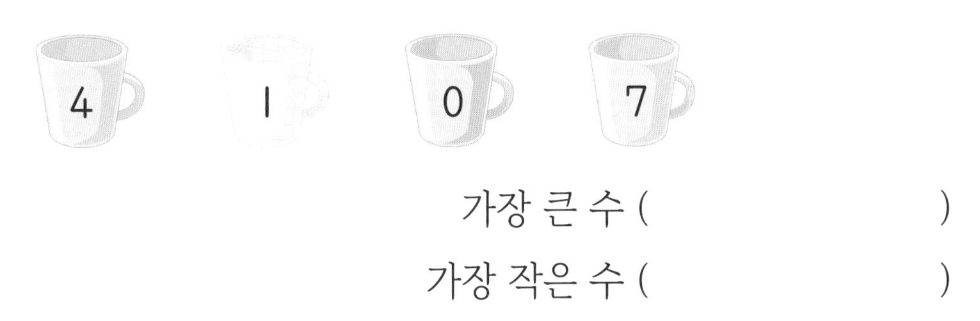

가장 큰 수 ( )

가장 작은 수 ( )

6 1부터 9까지의 수 중에서 □ 안에 들어갈 수 있는 수를 모두 찾아 써 보세요.

4□65<4327

( )

바른 답 7쪽

1 더 작은 수를 말한 친구의 이름을 써 보세요.

(   )

2 수 카드 4장을 한 번씩만 사용하여 백의 자리 숫자가 5인 가장 큰 네 자리 수를 만들어 보세요.

(   )

1 100씩 뛰어 세어 보세요.

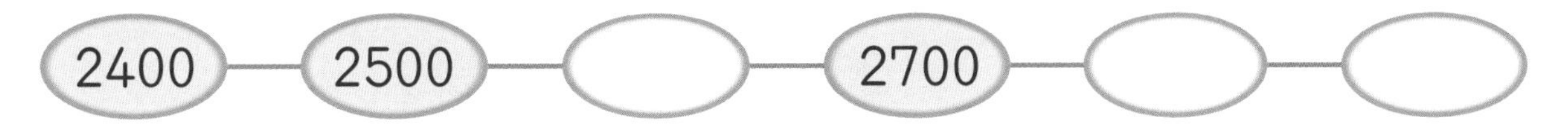

2 1000을 나타내는 수를 찾아 기호를 써 보세요.

㉠ 900보다 10만큼 더 큰 수 ㉡ 800보다 100만큼 더 큰 수 ㉢ 999보다 1만큼 더 큰 수

( )

3 승아가 말한 수를 쓰고 읽어 보세요.

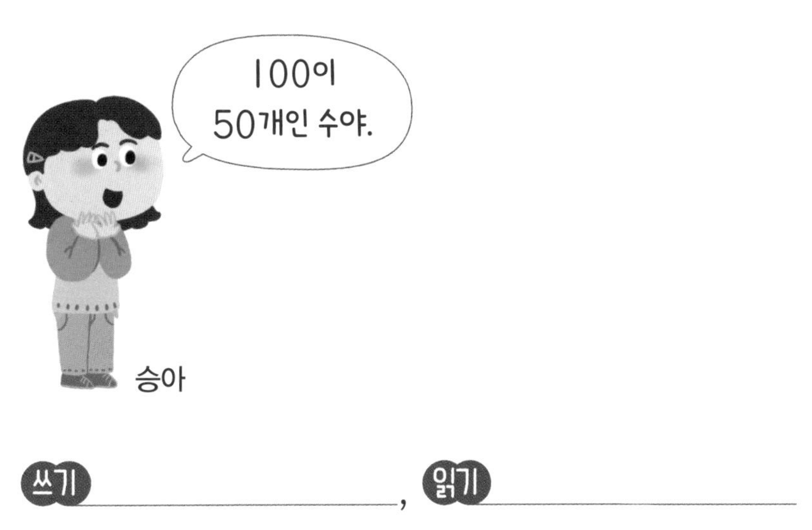

쓰기 ____________, 읽기 ____________

4 ㉠과 ㉡이 나타내는 값을 각각 써 보세요.

㉠ (　　　　　　)

㉡ (　　　　　　)

5 작은 수부터 차례대로 써 보세요.

3763　　5206　　3541

(　　　　　　　　　　　)

6 다영이는 문구점에서 색연필을 사면서 1000원짜리 지폐 4장과 100원짜리 동전 6개를 냈습니다. 다영이가 낸 돈은 모두 얼마인지 구해 보세요.

(　　　　　　)

7 지민이의 통장에는 1월 현재 5200원이 들어 있습니다. 돈을 쓰지 않고 2월부터 한 달에 1000원씩 계속 저금한다면 5월에 통장에 들어 있는 돈은 얼마가 되는지 구해 보세요.

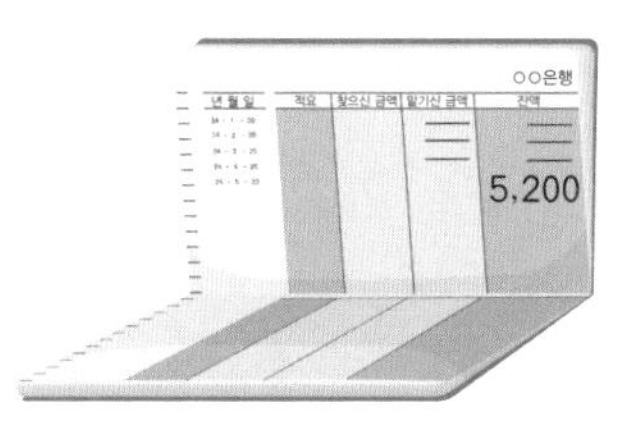

( )

8 설명하는 수를 네 자리 수로 나타내 보세요.

1000이 2개, 100이 16개, 1이 9개인 수

( )

9 큰 수부터 차례대로 기호를 써 보세요.

㉠ 1000이 6개인 수
㉡ 5420부터 100씩 3번 뛰어 센 수
㉢ 오천팔백구십

( )

빠른 개념 찾기

틀린 문제는 개념을 다시 확인해 보세요.

개념	문제 번호
01 천을 알아볼까요	2
02 몇천을 알아볼까요	3
03 네 자리 수를 알아볼까요	6, 8
04 각 자리의 숫자는 얼마를 나타낼까요	4
05 뛰어 세어 볼까요	1, 7
06 수의 크기를 비교해 볼까요	5, 9

곱셈구구

개념	공부 계획
01 2단 곱셈구구를 알아볼까요	월 일
02 5단 곱셈구구를 알아볼까요	월 일
03 3단, 6단 곱셈구구를 알아볼까요	월 일
04 4단, 8단 곱셈구구를 알아볼까요	월 일
05 7단 곱셈구구를 알아볼까요	월 일
06 9단 곱셈구구를 알아볼까요	월 일
07 1단 곱셈구구와 0의 곱을 알아볼까요	월 일
08 곱셈표를 만들어 볼까요	월 일
단원 마무리하기	월 일

2단 곱셈구구를 알아볼까요

2단 곱셈구구

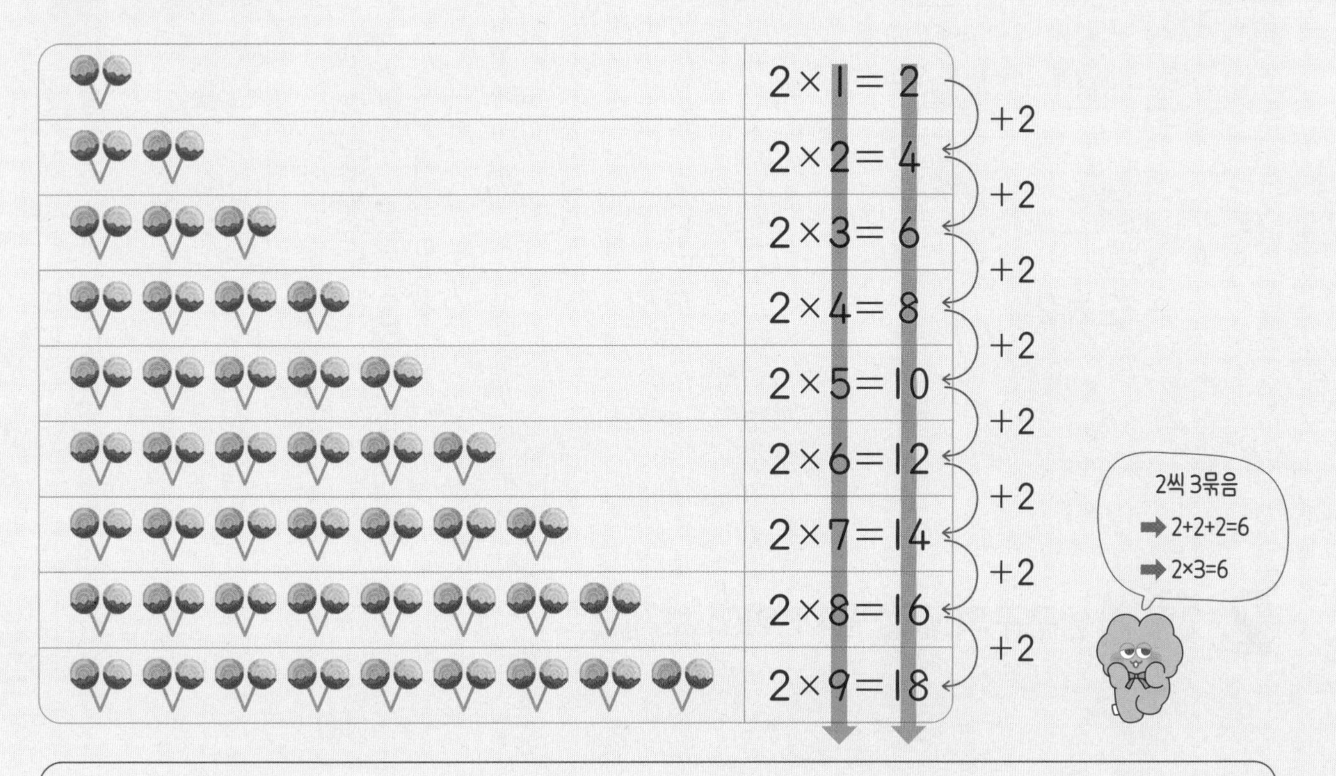

2단 곱셈구구에서 곱하는 수가 1씩 커지면 그 곱은 2씩 커집니다.

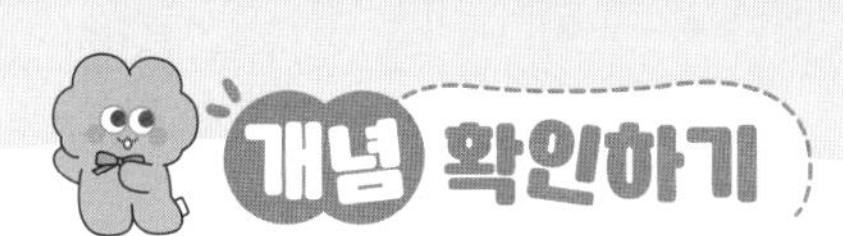

1 접시 한 개에 빵이 2개씩 있습니다. □ 안에 알맞은 수를 써넣으세요.

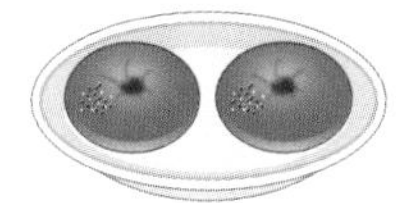 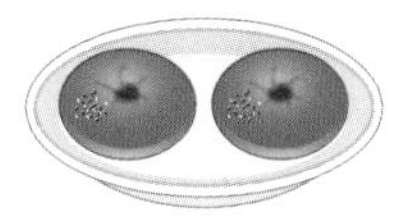 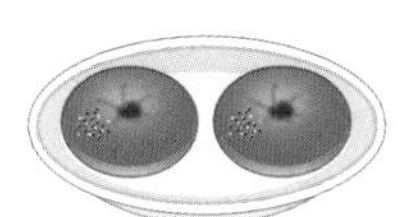 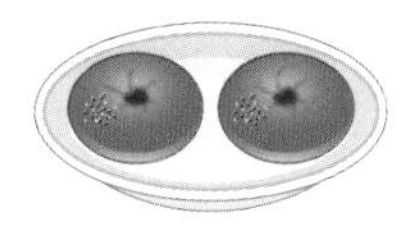 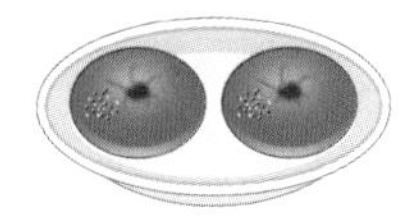

(1) 접시 4개에 있는 빵은 2×4=□(개)입니다.

(2) 접시 5개에 있는 빵은 2×5=□(개)입니다.

(3) 접시가 한 개씩 늘어날수록 빵은 □개씩 많아집니다.

1 그림을 보고 □ 안에 알맞은 수를 써넣으세요.

(1)

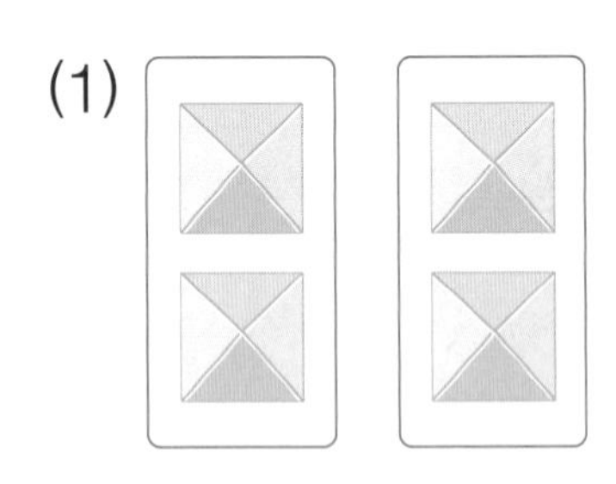

$2 \times 2 =$ □

(2)

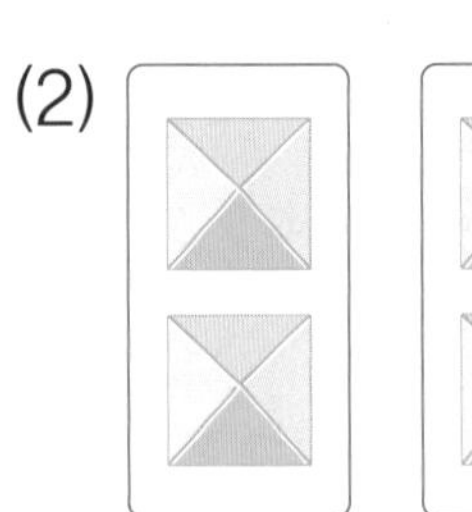

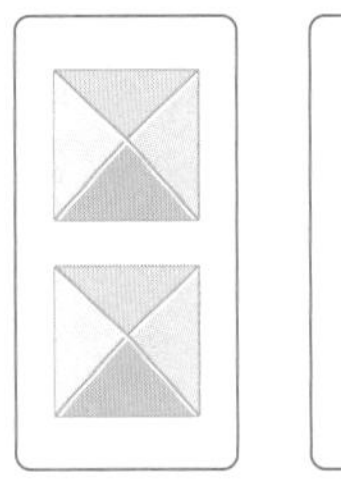

$2 \times 3 =$ □

2 2단 곱셈구구의 값을 찾아 이어 보세요.

2×4 •	• 10
2×8 •	• 16
2×5 •	• 8

3 지우개 한 개의 길이는 2 cm입니다. 지우개 6개의 길이는 몇 cm인지 알아보세요.

지우개

2 cm

지우개 지우개 지우개 지우개 지우개 지우개

□ cm

4 곱셈식이 옳게 되도록 이어 보세요.

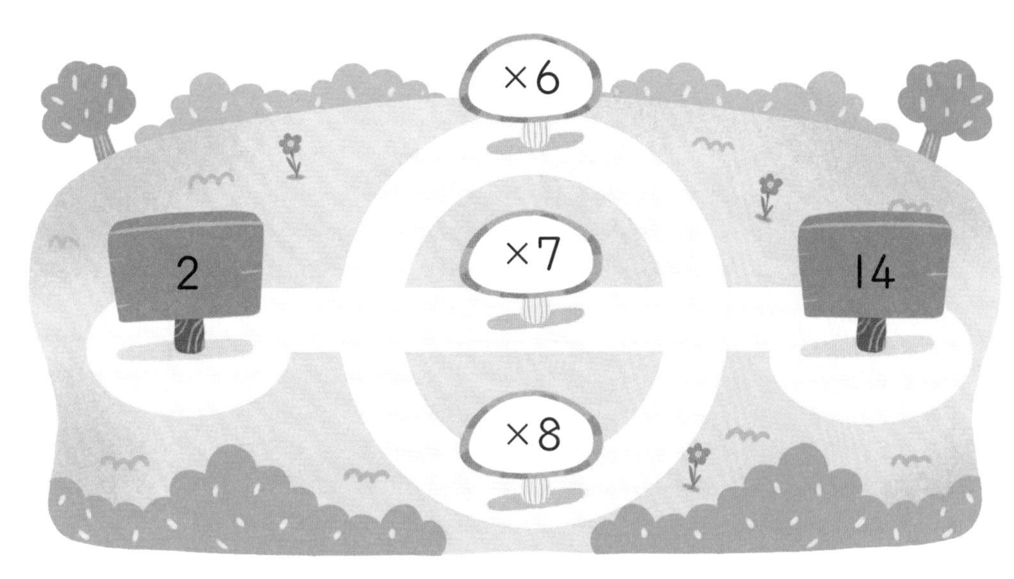

5 2×9는 2×6보다 얼마나 더 큰지 ○를 그려서 나타내고, □ 안에 알맞은 수를 써넣으세요.

2×6

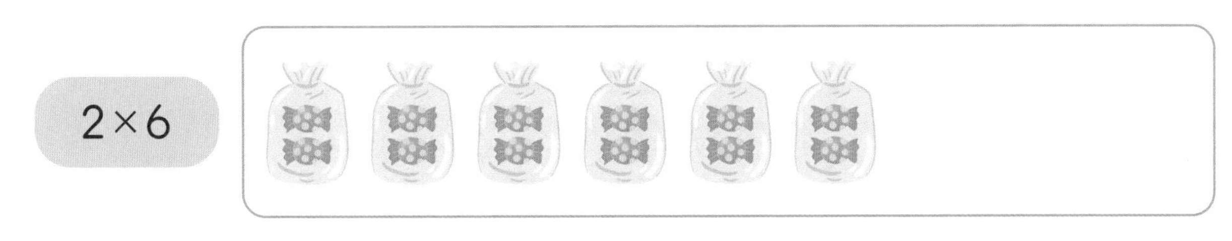

2×9

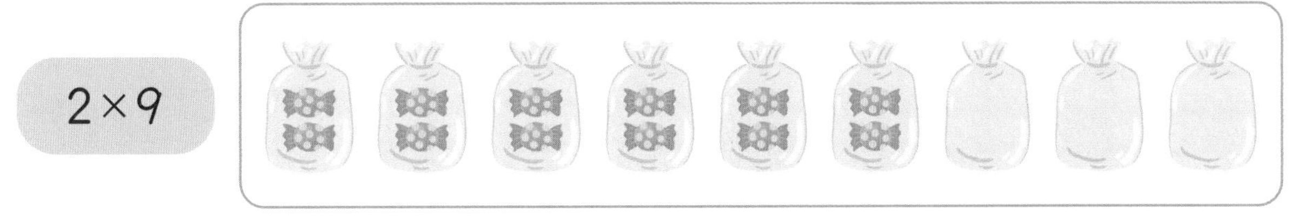

$2\times6=$ □ 입니다. 2×9는 2×6보다 2씩 □ 묶음이 더 많으므로 □ 만큼 더 큽니다.

바른 답 9쪽

1 필통 한 개에 연필이 2자루씩 들어 있습니다. 연필은 모두 몇 자루인지 구해 보세요.

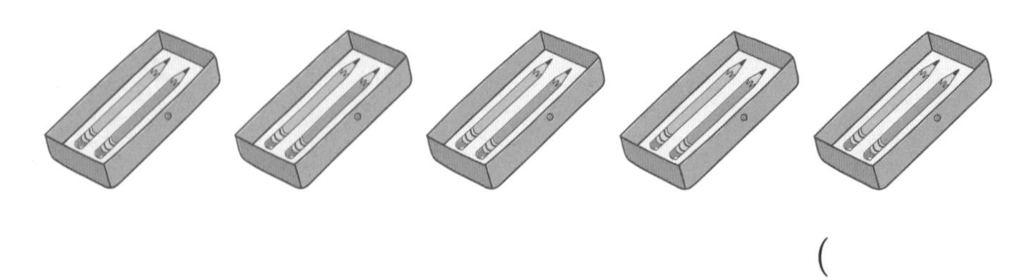

(　　　　　　　　)

2 ㉠과 ㉡에 알맞은 수를 각각 구해 보세요.

• $2 \times$ ㉠ $= 8$　　　• $2 \times$ ㉡ $= 18$

㉠ (　　　　　　　　)

㉡ (　　　　　　　　)

공부한 날 월 일

5단 곱셈구구를 알아볼까요

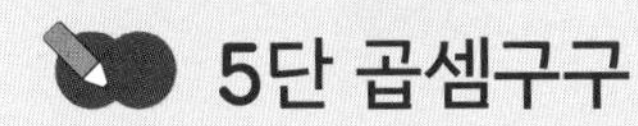

5단 곱셈구구

	$5 \times 1 = 5$
	$5 \times 2 = 10$
	$5 \times 3 = 15$
	$5 \times 4 = 20$
	$5 \times 5 = 25$
	$5 \times 6 = 30$
	$5 \times 7 = 35$
	$5 \times 8 = 40$
	$5 \times 9 = 45$

+5 +5 +5 +5 +5 +5 +5 +5

5씩 2묶음

➡ $5+5=10$

➡ $5 \times 2=10$

5단 곱셈구구에서 곱하는 수가 1씩 커지면 그 곱은 5씩 커집니다.

1 바나나가 한 송이에 5개씩 있습니다. □ 안에 알맞은 수를 써넣으세요.

(1) 3송이에 있는 바나나는 $5 \times 3 =$ □(개)입니다.

(2) 4송이에 있는 바나나는 $5 \times 4 =$ □(개)입니다.

(3) 한 송이씩 늘어날수록 바나나는 □개씩 많아집니다.

1 그림을 보고 □ 안에 알맞은 수를 써넣으세요.

(1)

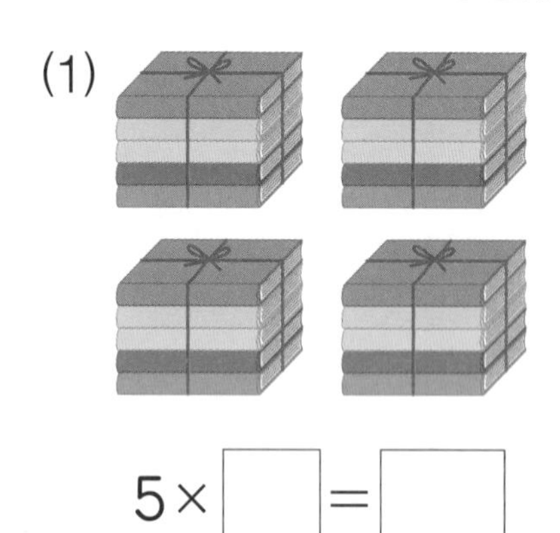

$5\times$ □ $=$ □

(2)

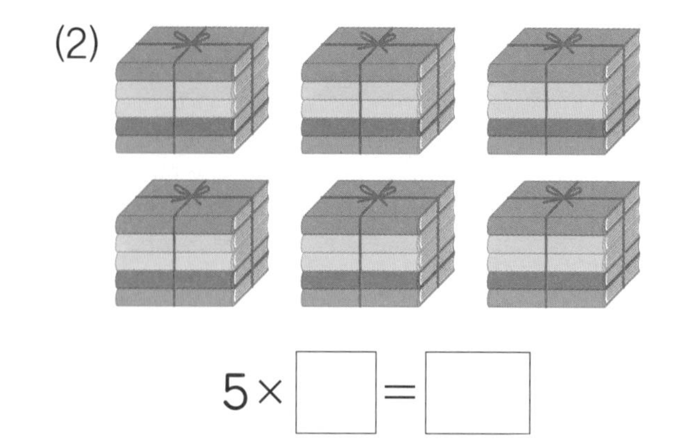

$5\times$ □ $=$ □

2 곱셈식에 맞게 ○를 그리고, □ 안에 알맞은 수를 써넣으세요.

$5\times5=$ □

3 5×8을 계산하는 방법입니다. □ 안에 알맞은 수를 써넣으세요.

방법❶ 5×8은 5씩 □ 번 더해서 계산할 수 있습니다.

방법❷ 5×8은 5×7에 □ 을/를 더해서 계산할 수 있습니다.

4 달력에서 5단 곱셈구구에 나오는 곱을 모두 찾아 ○표 하세요.

5 그림을 보고 □ 안에 알맞은 수를 써넣으세요.

바른 답 10쪽

1 농구는 5명의 선수가 한 팀이 되어 경기를 합니다. 6팀이 모여서 농구 경기를 한다면 선수는 모두 몇 명인지 구해 보세요.

(　　　　　　　　)

2 곱이 가장 큰 곱셈을 찾아 ○표 하세요.

(　　　)　(　　　)　(　　　)

공부한 날 월 일

03 3단, 6단 곱셈구구를 알아볼까요

3단 곱셈구구

3단
$3\times1=3$
$3\times2=6$
$3\times3=9$
$3\times4=12$
$3\times5=15$
$3\times6=18$
$3\times7=21$
$3\times8=24$
$3\times9=27$

3단 곱셈구구에서 곱하는 수가 1씩 커지면 그 곱은 3씩 커집니다.

6단 곱셈구구

6단
$6\times1=6$
$6\times2=12$
$6\times3=18$
$6\times4=24$
$6\times5=30$
$6\times6=36$
$6\times7=42$
$6\times8=48$
$6\times9=54$

6단 곱셈구구에서 곱하는 수가 1씩 커지면 그 곱은 6씩 커집니다.

1 모형은 모두 몇 개인지 덧셈식과 곱셈식으로 나타내 보세요.

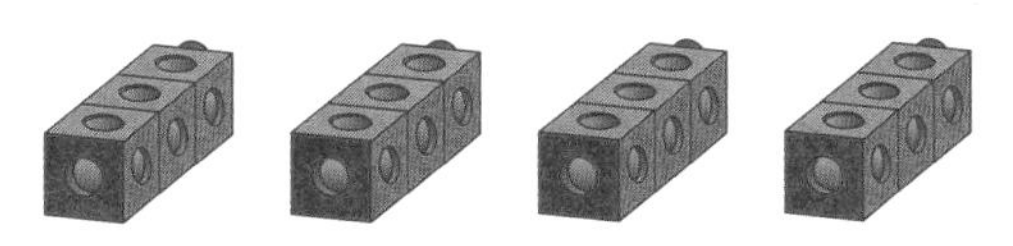

덧셈식 $3+3+\square+\square=\square$(개) 곱셈식 $3\times4=\square$(개)

2 그림을 보고 □ 안에 알맞은 수를 써넣으세요.

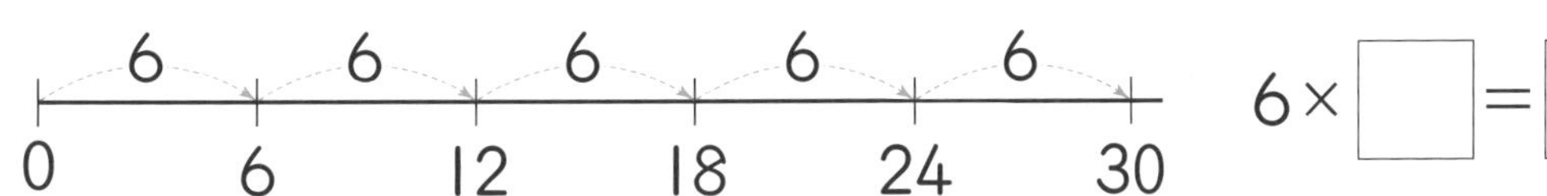

$6\times\square=\square$

1 클로버 한 개에는 잎이 3장씩 있습니다. 클로버의 잎은 모두 몇 장인지 곱셈식으로 나타내 보세요.

3× □ = □ (장)

3× □ = □ (장)

3× □ = □ (장)

2 탁구공은 모두 몇 개인지 곱셈식으로 나타내 보세요.

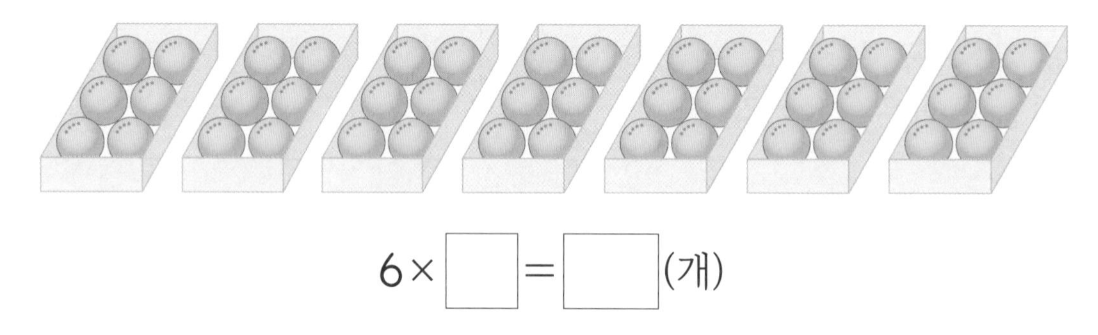

6× □ = □ (개)

3 딸기가 18개 있습니다. □ 안에 알맞은 수를 써넣으세요.

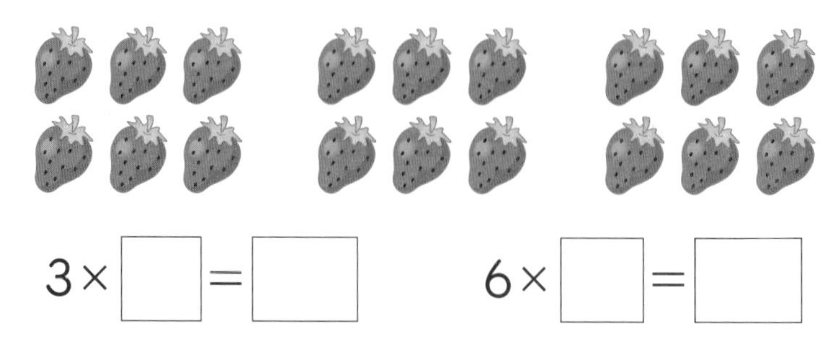

3× □ = □　　6× □ = □

4 구슬은 모두 몇 개인지 알아보려고 합니다. 잘못 설명한 것을 찾아 기호를 써 보세요.

㉠ 6씩 4번 더해서 구합니다. ㉡ 3×8을 계산해서 구합니다. ㉢ 6×3에 6을 더해서 구합니다. ㉣ 3씩 6번 더해서 구합니다.

( )

5 진열장 한 칸에 인형이 6개씩 있습니다. 진열장에 있는 인형은 모두 몇 개인지 구해 보세요.

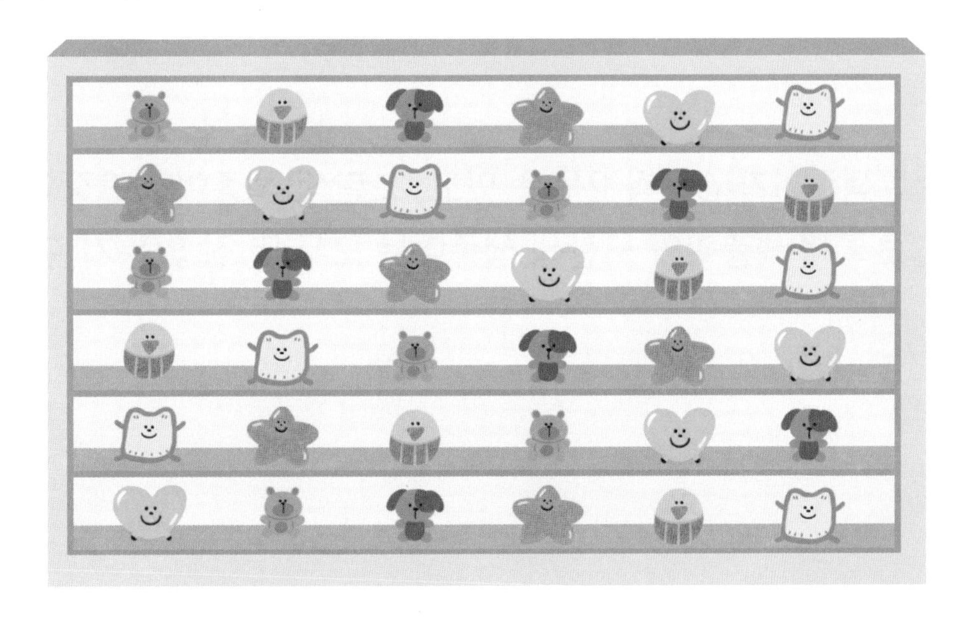

( )

바른 답 11쪽

1 연필을 더 많이 가지고 있는 친구의 이름을 써 보세요.

(　　　　　　　　　　)

2 초록색 색종이가 6장씩 2묶음 있고, 노란색 색종이가 3장씩 5묶음 있습니다. 초록색 색종이와 노란색 색종이는 모두 몇 장 있는지 구해 보세요.

(　　　　　　　　　　)

4단, 8단 곱셈구구를 알아볼까요

4단 곱셈구구

	$4\times1=4$
	$4\times2=8$
	$4\times3=12$
	$4\times4=16$
	$4\times5=20$
	$4\times6=24$
	$4\times7=28$
	$4\times8=32$
	$4\times9=36$

4단 곱셈구구에서 곱하는 수가 1씩 커지면 그 곱은 4씩 커집니다.

8단 곱셈구구

	$8\times1=8$
	$8\times2=16$
	$8\times3=24$
	$8\times4=32$
	$8\times5=40$
	$8\times6=48$
	$8\times7=56$
	$8\times8=64$
	$8\times9=72$

8단 곱셈구구에서 곱하는 수가 1씩 커지면 그 곱은 8씩 커집니다.

1 물고기는 모두 몇 마리인지 덧셈식과 곱셈식으로 나타내 보세요.

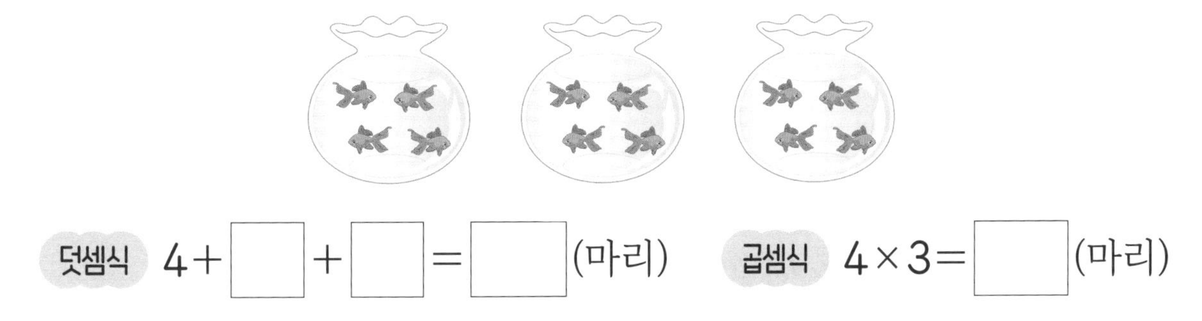

덧셈식 $4+\square+\square=\square$(마리) 곱셈식 $4\times3=\square$(마리)

2 그림을 보고 □ 안에 알맞은 수를 써넣으세요.

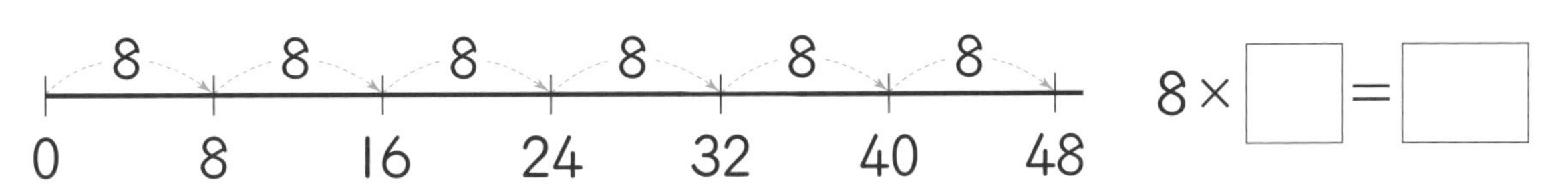

$8\times\square=\square$

1 곱셈식을 보고 빈 곳에 ○를 그려 보세요.

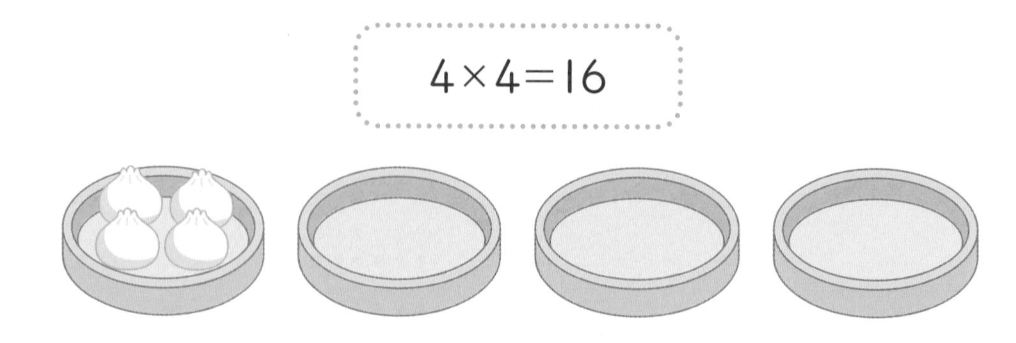

2 곱을 옳게 구한 친구의 이름을 써 보세요.

( )

3 빈칸에 알맞은 수를 써넣으세요.

×	1	5	8	9
4				
8				

바른 답 12쪽

4 8단 곱셈구구의 값을 모두 찾아 색칠하고, 완성된 숫자를 써 보세요.

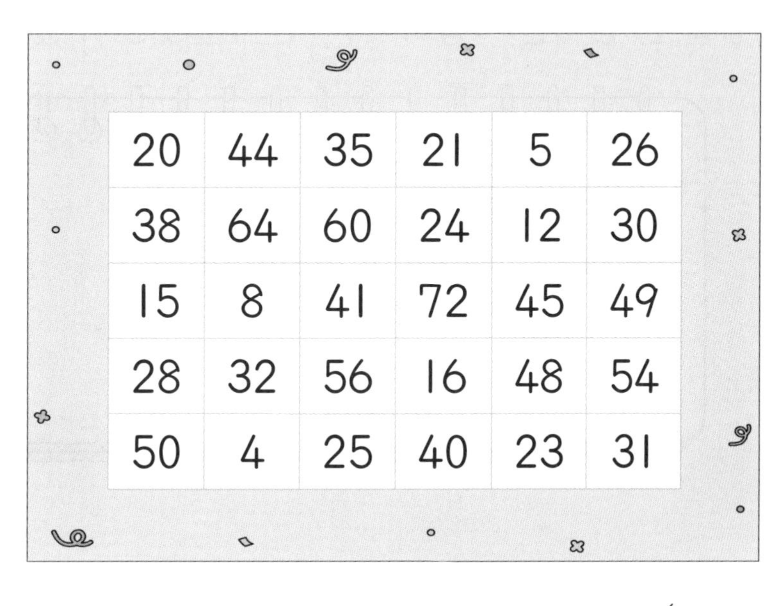

20	44	35	21	5	26
38	64	60	24	12	30
15	8	41	72	45	49
28	32	56	16	48	54
50	4	25	40	23	31

(   )

5 상자에 들어 있는 음료수는 모두 몇 개인지 여러 가지 곱셈구구를 이용하여 알아보려고 합니다. □ 안에 알맞은 수를 써넣으세요.

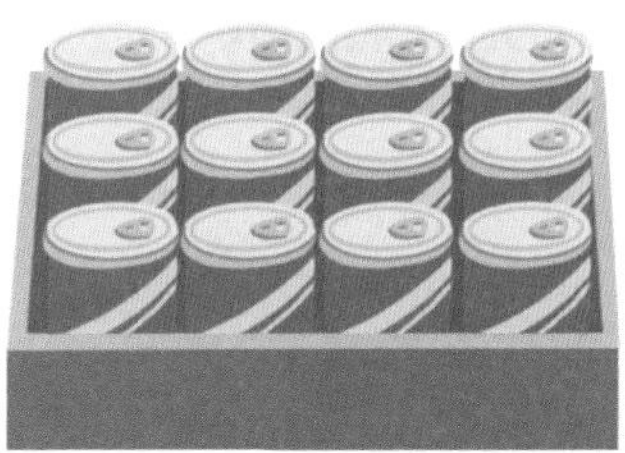

$3 \times 8 = \square$

$4 \times \square = \square$

$6 \times \square = \square$

$8 \times \square = \square$

♥ 바른 답 12쪽

1 수 카드 3장을 한 번씩만 사용하여 □ 안에 알맞은 수를 써넣으세요.

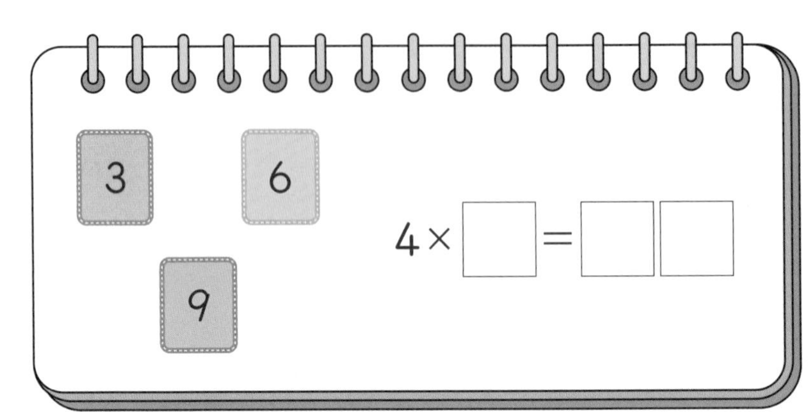

2 민호는 채소 가게에서 당근을 4개씩 7묶음 샀고, 가지를 8개씩 5묶음 샀습니다. 민호가 산 당근과 가지는 각각 몇 개인지 구해 보세요.

당근 (　　　　　　　)

가지 (　　　　　　　)

7단 곱셈구구를 알아볼까요

7단 곱셈구구

🌿	$7\times1=7$
🌿🌿	$7\times2=14$
🌿🌿🌿	$7\times3=21$
🌿🌿🌿🌿	$7\times4=28$
🌿🌿🌿🌿🌿	$7\times5=35$
🌿🌿🌿🌿🌿🌿	$7\times6=42$
🌿🌿🌿🌿🌿🌿🌿	$7\times7=49$
🌿🌿🌿🌿🌿🌿🌿🌿	$7\times8=56$
🌿🌿🌿🌿🌿🌿🌿🌿🌿	$7\times9=63$

+7 +7 +7 +7 +7 +7 +7 +7

7×5는 7×4보다 7만큼 더 커.

7단 곱셈구구에서 곱하는 수가 1씩 커지면 그 곱은 7씩 커집니다.

1 연필이 7자루씩 묶여 있을 때 연필은 모두 몇 자루인지 구하려고 합니다. □ 안에 알맞은 수를 써넣으세요.

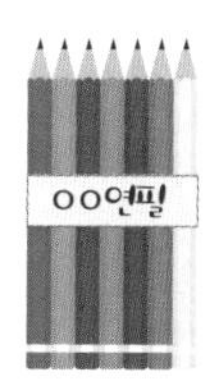

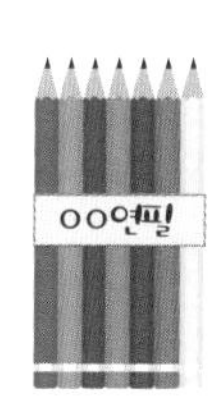

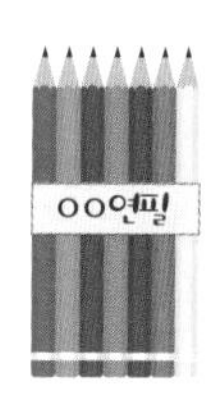

(1) 연필이 7자루씩 □ 묶음 있습니다.

(2) 연필의 수를 곱셈식으로 나타내면 7× □ = □ 입니다.

(3) 연필은 모두 □ 자루입니다.

1 한 상자에 떡이 7개씩 담겨 있습니다. 떡은 모두 몇 개인지 곱셈식으로 나타내 보세요.

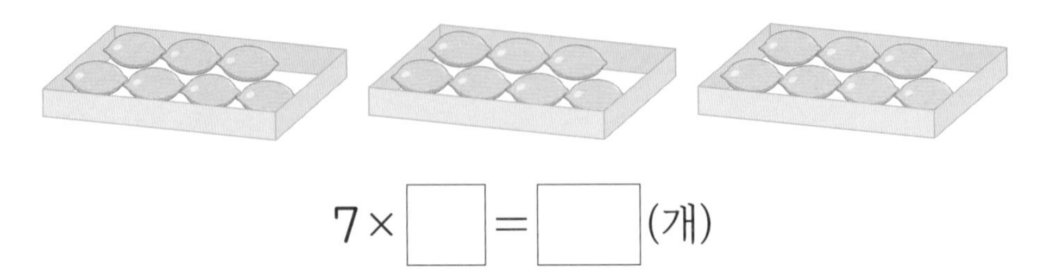

7 × □ = □ (개)

2 □ 안에 알맞은 수를 써넣으세요.

3 구슬이 굴러간 거리는 몇 cm인지 곱셈식으로 나타내 보세요.

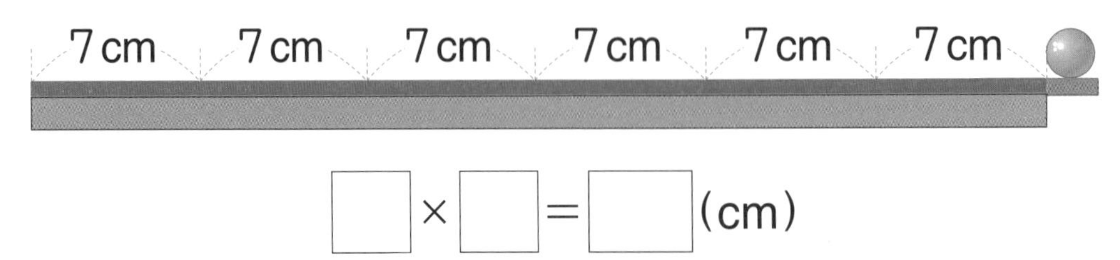

□ × □ = □ (cm)

4 7단 곱셈구구의 값이 아닌 것을 모두 찾아 ×표 하세요.

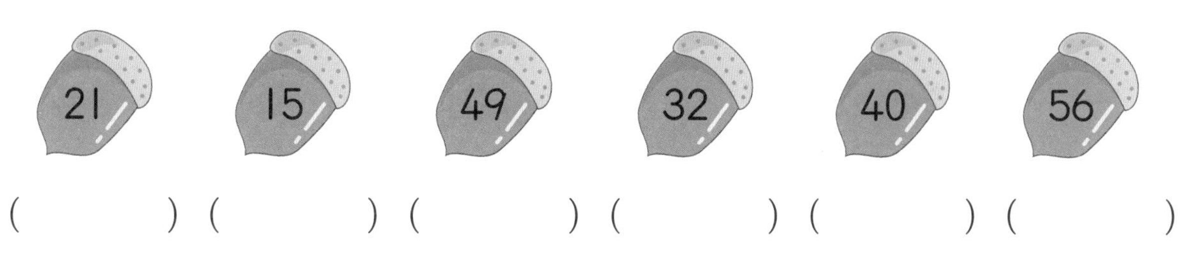

( ) ( ) ( ) ( ) ( ) ( )

5 물고기의 수를 구하는 방법을 잘못 말한 친구를 찾아 이름을 써 보세요.

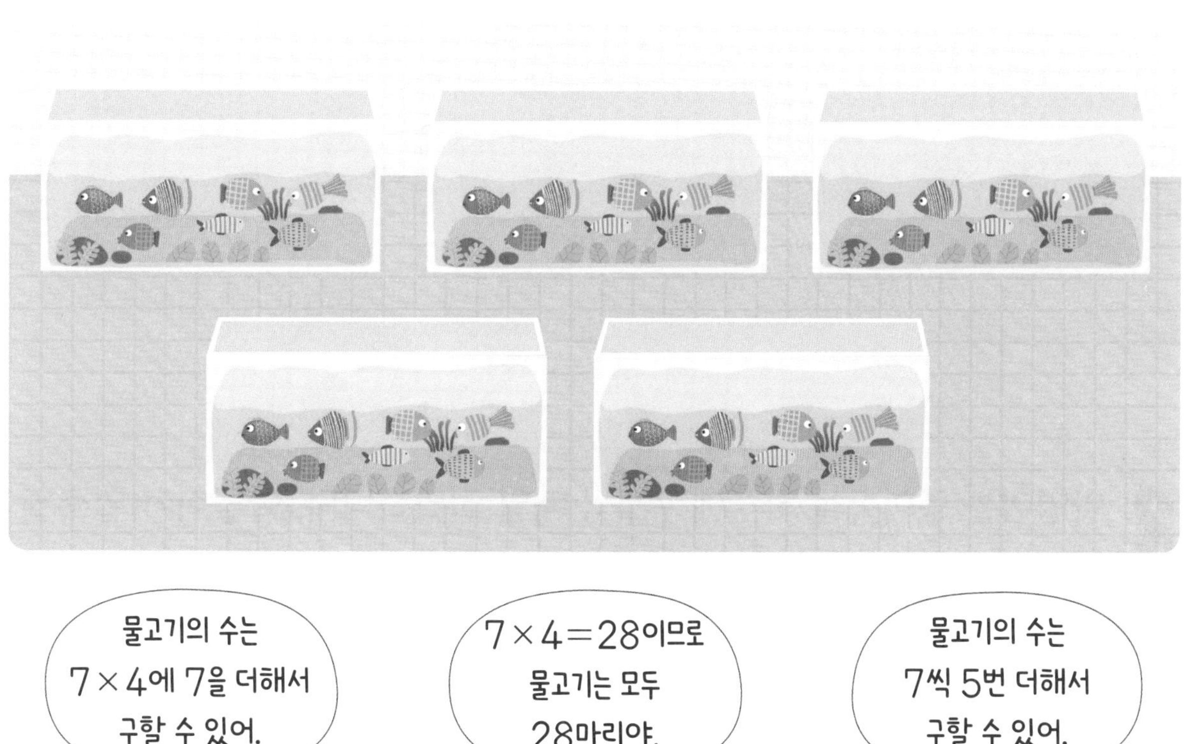

물고기의 수는 7×4에 7을 더해서 구할 수 있어.

7×4=28이므로 물고기는 모두 28마리야.

물고기의 수는 7씩 5번 더해서 구할 수 있어.

( )

바른 답 13쪽

1 쿠키의 수를 구하는 방법을 옳게 설명한 친구의 이름을 써 보세요.

> **동수**: 쿠키의 수는 7×3과 7×2를 더해서 구할 수 있어.
> **정아**: 쿠키의 수는 7×2를 3번 더해서 구할 수 있어.

( )

2 아영이는 종이학을 하루에 7개씩 매일 접었습니다. 아영이가 일주일 동안 접은 종이학은 모두 몇 개인지 구해 보세요.

( )

공부한 날 월 일

9단 곱셈구구를 알아볼까요

9단 곱셈구구

	$9 \times 1 = 9$
	$9 \times 2 = 18$
	$9 \times 3 = 27$
	$9 \times 4 = 36$
	$9 \times 5 = 45$
	$9 \times 6 = 54$
	$9 \times 7 = 63$
	$9 \times 8 = 72$
	$9 \times 9 = 81$

+9 +9 +9 +9 +9 +9 +9 +9

9×8은 9×7보다 9만큼 더 커.

9단 곱셈구구에서 곱하는 수가 1씩 커지면 그 곱은 9씩 커집니다.

1 한 바구니에 감자가 9개씩 들어 있을 때 감자는 모두 몇 개인지 구하려고 합니다. □ 안에 알맞은 수를 써넣으세요.

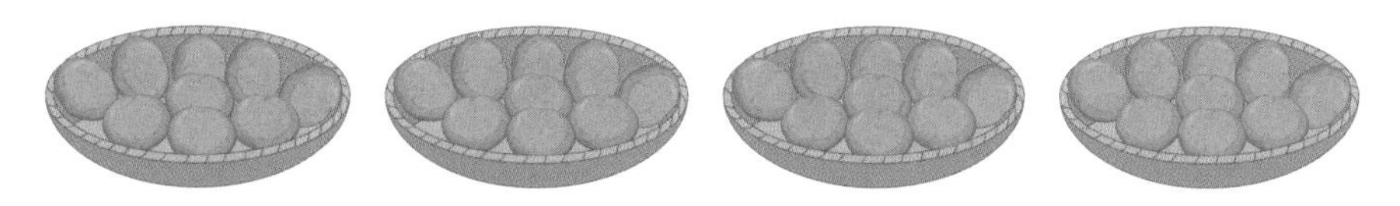

(1) 감자가 9개씩 □ 바구니에 들어 있습니다.

(2) 감자의 수를 곱셈식으로 나타내면 $9 \times$ □ $=$ □ 입니다.

(3) 감자는 모두 □ 개입니다.

1 그림을 보고 □ 안에 알맞은 수를 써넣으세요.

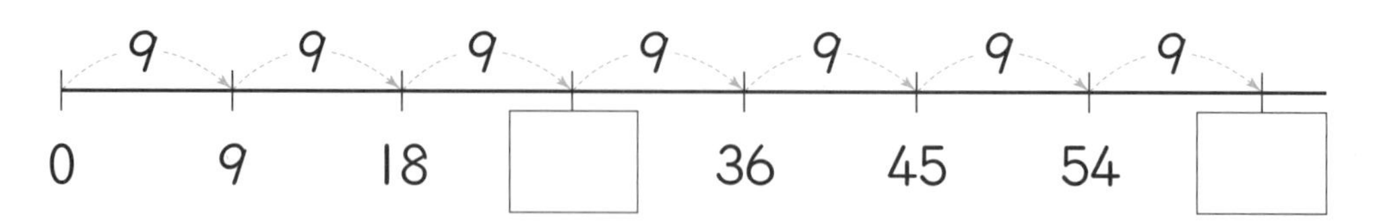

2 곱을 잘못 구한 것을 찾아 ×표 하세요.

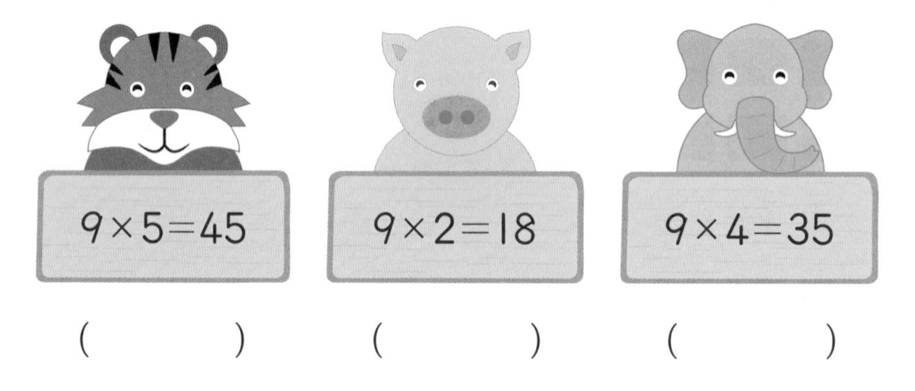

( ) ( ) ( )

3 9단 곱셈구구의 값을 찾아 선으로 이어 보세요.

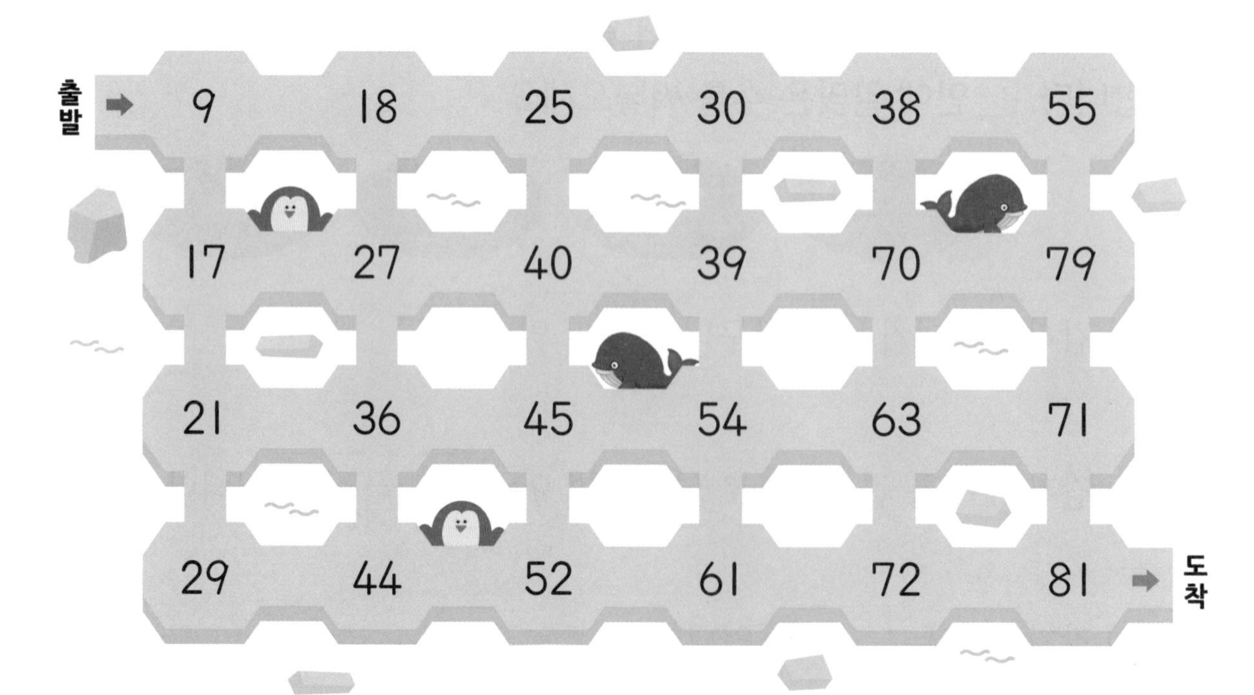

4 9×6을 계산하려고 합니다. 그림을 보고 □ 안에 알맞은 수를 써넣으세요.

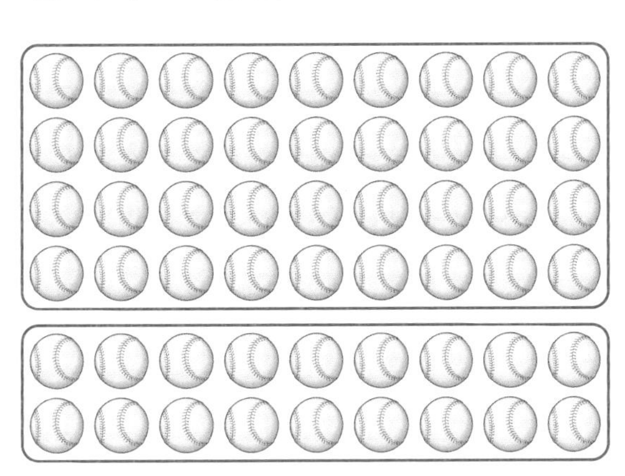

$9\times4=$ □ 에 $9\times2=$ □ 을/를 더합니다. ➡ $9\times6=$ □

5 ㉠과 ㉡의 차를 구해 보세요.

㉠ 9×7　　㉡ 9×9

(　　　　　　　)

6 □ 안에 알맞은 수를 써넣으세요.

바른 답 14쪽

1 나타내는 수가 나머지와 다른 하나를 찾아 기호를 써 보세요.

㉠ 9씩 6번 더해서 구합니다.
㉡ 9×3에 9×4를 더해서 구합니다.
㉢ 9×5에 9를 더해서 구합니다.

( )

2 9단 곱셈구구의 값을 큰 수부터 차례대로 5개 쓴 것입니다. 잘못 쓴 값을 찾아 ×표 하고, 바르게 고친 값을 써 보세요.

( )

I단 곱셈구구와 0의 곱을 알아볼까요

I단 곱셈구구

×	I	2	3	4	5	6	7	8	9
I	I	2	3	4	5	6	7	8	9

① I과 어떤 수의 곱은 항상 어떤 수가 됩니다. ➡ I×(어떤 수)=(어떤 수)
② 어떤 수와 I의 곱은 항상 어떤 수가 됩니다. ➡ (어떤 수)×I=(어떤 수)

0의 곱

×	I	2	3	4	5	6	7	8	9
0	0	0	0	0	0	0	0	0	0

① 0과 어떤 수의 곱은 항상 0입니다. ➡ 0×(어떤 수)=0
② 어떤 수와 0의 곱은 항상 0입니다. ➡ (어떤 수)×0=0

개념 확인하기

1 접시에 있는 도넛의 수를 알아보려고 합니다. □ 안에 알맞은 수를 써넣으세요.

(1) 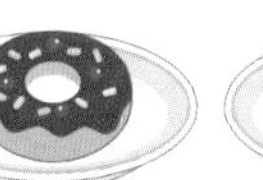 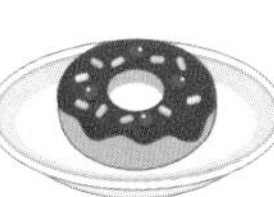

I×2=□

(2) 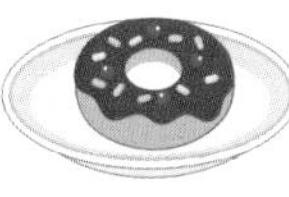 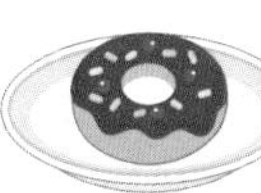 

I×3=□

2 꽃병에 있는 꽃의 수를 알아보려고 합니다. □ 안에 알맞은 수를 써넣으세요.

(1) 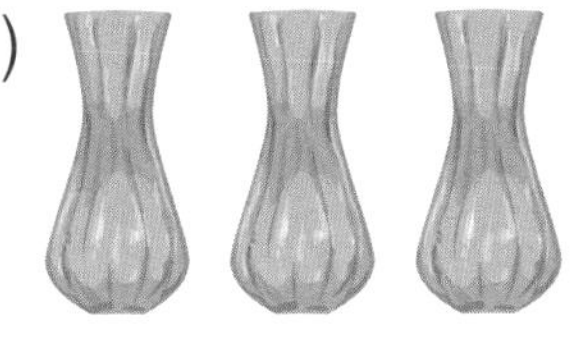

0×3=□

(2) 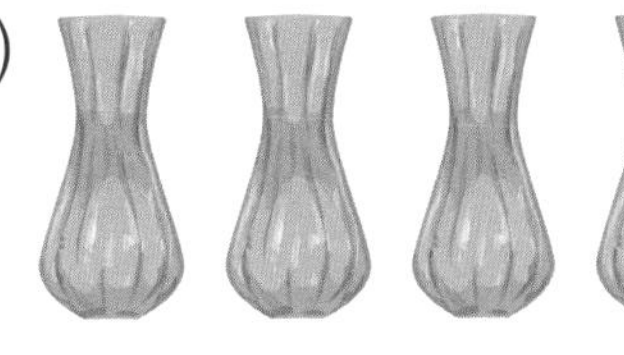 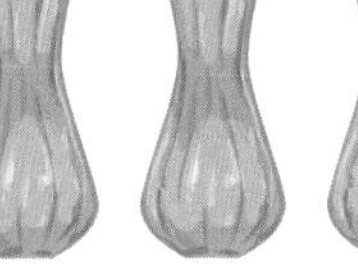

0×5=□

1 참외는 모두 몇 개인지 곱셈식으로 나타내 보세요.

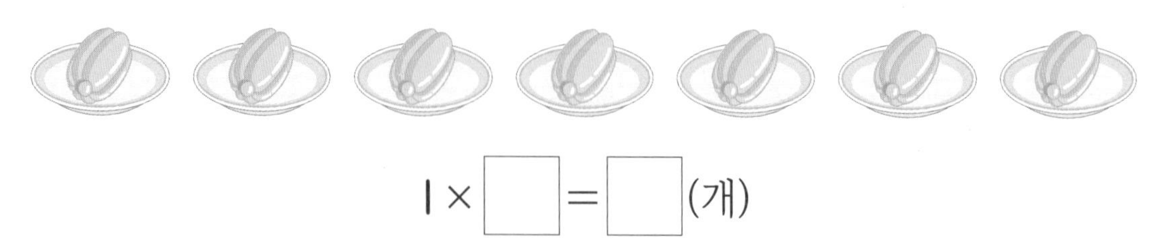

$1 \times \square = \square$ (개)

2 곱셈을 이용하여 빈 곳에 알맞은 수를 써넣으세요.

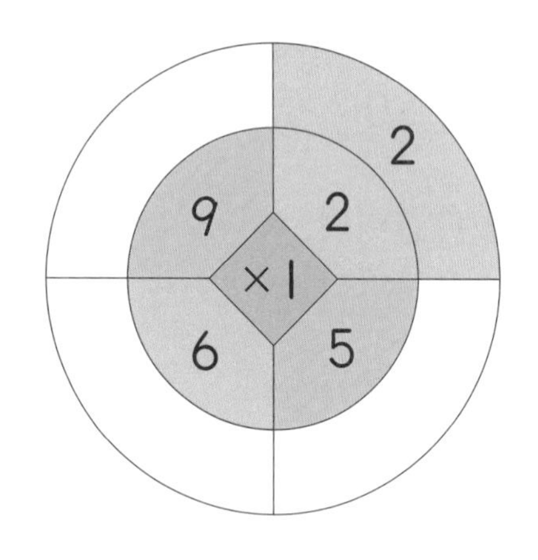

3 □ 안에 알맞은 수를 써넣으세요.

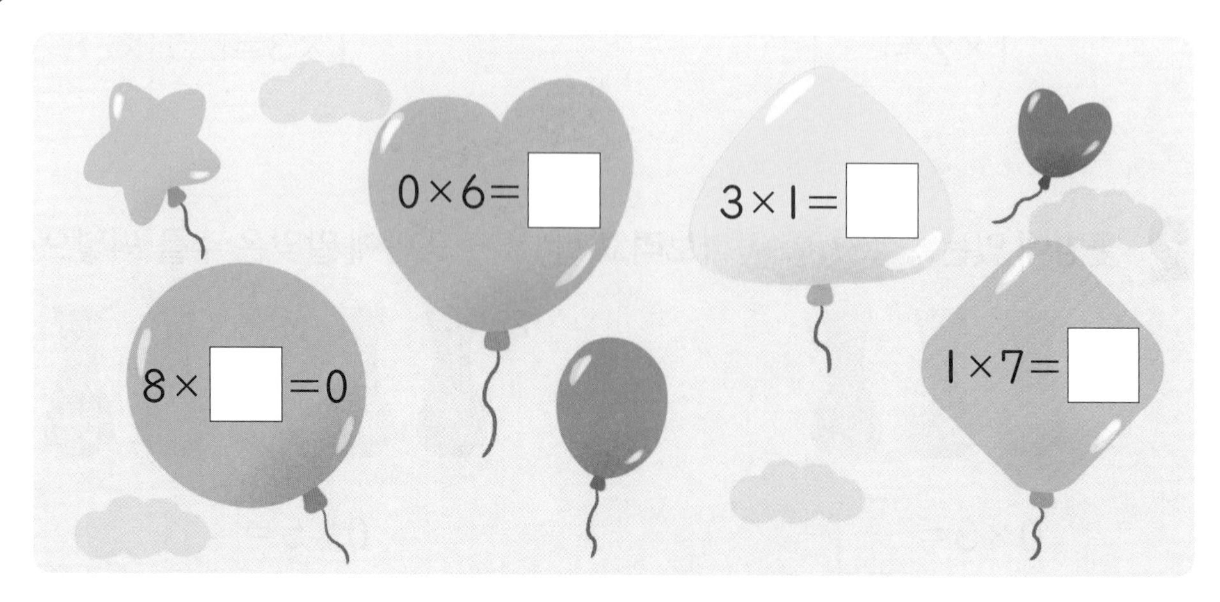

4~5 소희가 화살 10개를 쏘았습니다. 맞힌 점수 판에 적힌 수만큼 점수를 얻을 때 물음에 답해 보세요.

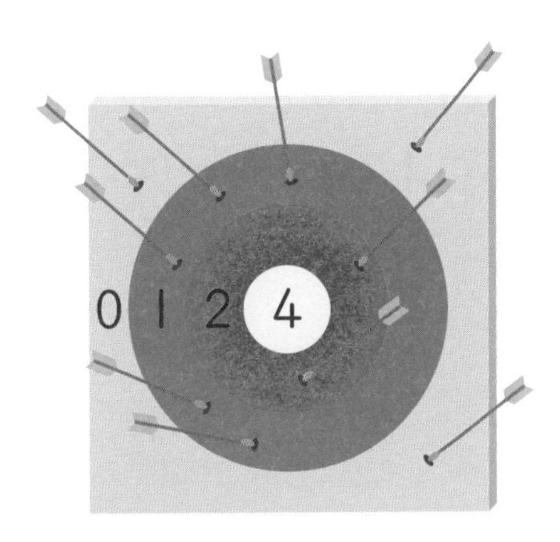

4 빈칸에 알맞은 곱셈식을 써 보세요.

점수 판에 적힌 수	0	1	2	4
맞힌 횟수(번)	3	5	2	0
점수(점)			$2\times2=4$	

5 소희가 얻은 점수는 모두 몇 점인지 구해 보세요.

(　　　　　　)

6 광수는 고리 7개를 던져서 오른쪽 그림과 같이 5개는 걸었고, 2개는 걸지 못했습니다. 고리를 걸면 1점, 걸지 못하면 0점일 때 광수가 얻은 점수는 모두 몇 점인지 구해 보세요.

걸린 고리 점수: $1\times\square=\square$(점)

걸리지 않은 고리 점수: $0\times\square=\square$(점)

(　　　　　　)

바른 답 15쪽

1 곱이 다른 하나를 찾아 기호를 써 보세요.

㉠ 7×0	㉡ 0×9
㉢ 1×4	㉣ 2×0

(　　　　　　　)

2 달리기 경기에서 1등은 2점, 2등은 1점, 3등은 0점을 얻습니다. 윤아네 반은 1등이 3명, 2등이 5명, 3등이 4명입니다. 윤아네 반 달리기 점수는 모두 몇 점인지 구해 보세요.

(　　　　　　　)

공부한 날 월 일

곱셈표를 만들어 볼까요

곱셈표 만들기

가로줄

×	0	1	2	3	4	5	6	7	8	9
0	0	0	0	0	0	0	0	0	0	0
1	0	1	2	3	4	5	6	7	8	9
2	0	2	4	6	8	10	12	14	16	18
3	0	3	6	9	12	15	18	21	24	27
4	0	4	8	12	16	20	24	28	32	36
5	0	5	10	15	20	25	30	35	40	45
6	0	6	12	18	24	30	36	42	48	54
7	0	7	14	21	28	35	42	49	56	63
8	0	8	16	24	32	40	48	56	64	72
9	0	9	18	27	36	45	54	63	72	81

세로줄

① 세로줄은 곱해지는 수이고, 가로줄은 곱하는 수입니다.

② ♥단 곱셈구구에서는 곱이 ♥씩 커집니다.

③ 곱하는 두 수의 순서를 바꾸어 곱해도 곱은 같습니다.

➡ $3\times4=12$, $4\times3=12$

④ 곱이 같은 곱셈구구를 여러 가지 찾을 수 있습니다.

➡ $2\times9=18$, $3\times6=18$, $6\times3=18$, $9\times2=18$

개념 확인하기

1 곱셈표를 보고 □ 안에 알맞은 수를 써넣으세요.

×	1	2	3
1	1	2	3
2	2	4	6
3	3	6	9

(1) 2단 곱셈구구에서는 곱이 □ 씩 커집니다.

(2) 곱이 3씩 커지는 곱셈구구는 □ 단입니다.

(3) 2×3의 곱과 $3\times$□의 곱은 같습니다.

1~2 곱셈표를 보고 물음에 답해 보세요.

×	2	3	4	5	6
2	4		8		
3		9			18
4	8				
5			20		
6				30	

1 빈칸에 알맞은 수를 써넣어 곱셈표를 완성해 보세요.

2 위 곱셈표에서 2×6과 곱이 같은 곱셈구구를 모두 찾아 써 보세요.

□×□=□ □×□=□ □×□=□

3 곱셈표를 완성하고, 노란색으로 색칠된 칸의 수와 곱이 같은 수를 찾아 색칠해 보세요.

×	6	7	8	9
6				
7				
8				
9				

바른 답 16쪽

4 곱셈표를 완성하고, 곱이 50보다 큰 수를 모두 찾아 색칠해 보세요.

×	3	4	5	6	7	8	9
7							
8							
9							

5 친구들의 대화를 읽고 어떤 수인지 구해 보세요.

(　　　　　　　　)

바른 답 16쪽

1 곱셈표를 완성하고, 분홍색으로 색칠된 칸의 수들에는 어떤 규칙이 있는지 써 보세요.

×	3	4	5	6
3				
4				
5				
6				

규칙 ______________________________

2 곱셈표에서 ㉠+㉡+㉢의 값을 구해 보세요.

×	1	2
2	㉠	㉡
㉢	5	10

(　　　　　　　)

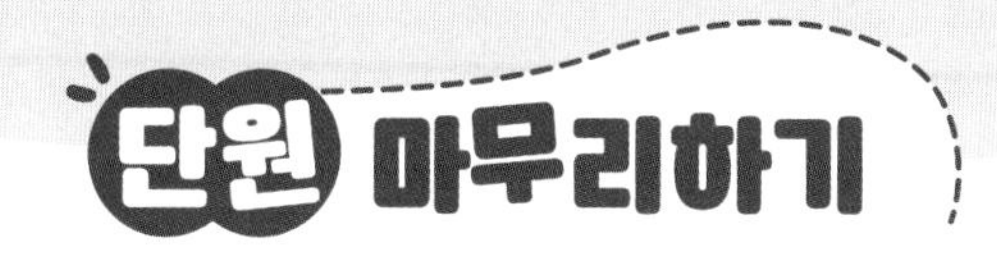

1 세발자전거의 바퀴 수를 곱셈식으로 옳게 나타낸 것을 찾아 기호를 써 보세요.

㉠ $1\times7=7$ ㉡ $3\times7=21$ ㉢ $4\times7=28$

( )

2 곱을 옳게 구한 것을 찾아 ○표 하세요.

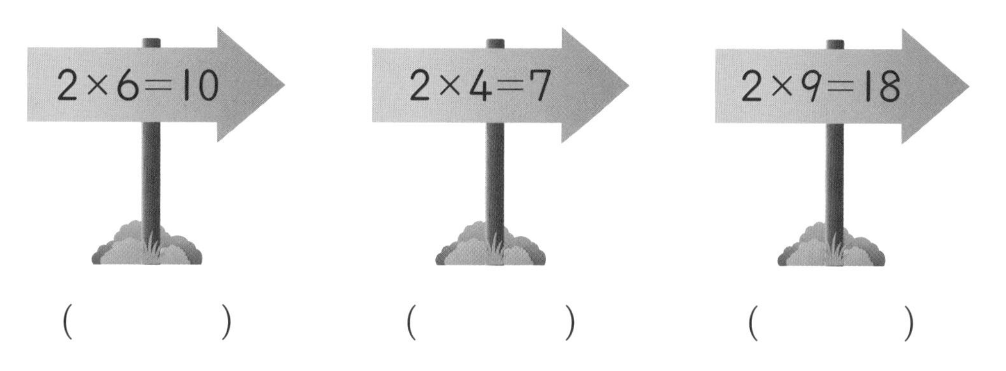

( ) ( ) ( )

3 빈칸에 알맞은 수를 써넣으세요.

×	3	5	6	8	9
7					

4 0×4와 곱이 같은 것을 찾아 색칠해 보세요.

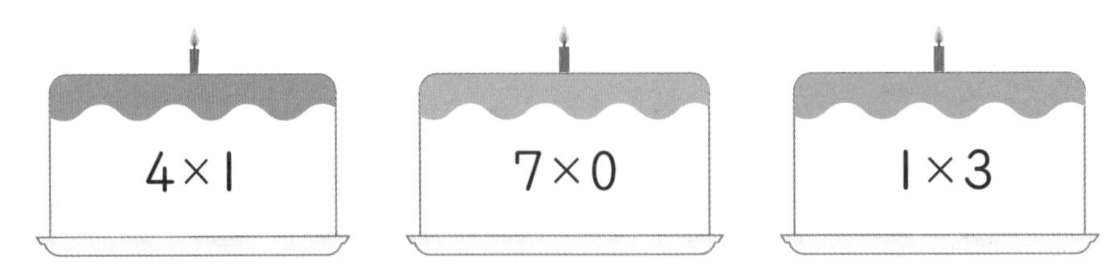

5 □ 안에 알맞은 수를 써넣으세요.

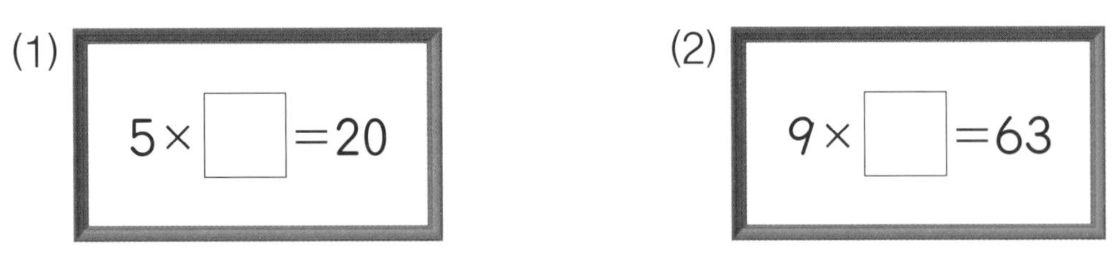

6 성희네 집에는 선풍기가 3대 있습니다. 선풍기 한 대의 날개는 4개입니다. 성희네 집에 있는 선풍기 3대의 날개는 모두 몇 개인지 구해 보세요.

(　　　　　　　　)

♥ 바른 답 17쪽

7 곱셈표를 완성하고, 곱이 24인 곱셈구구를 모두 찾아 써 보세요.

×	3	4	5	6	7	8
3	9	12	15			
4	12					32
5		20		30		40
6	18		30	36		
7	21				49	56
8			40		56	

□ × □ = □　　□ × □ = □

□ × □ = □　　□ × □ = □

8 ■가 같은 수를 나타낼 때 ■+▲를 구해 보세요.

• 9 × ■ = 45　　• ■ × 3 = ▲

(　　　　　　　)

빠른 개념 찾기

틀린 문제는 개념을 다시 확인해 보세요.

개념	문제 번호
01 2단 곱셈구구를 알아볼까요	2
02 5단 곱셈구구를 알아볼까요	5, 8
03 3단, 6단 곱셈구구를 알아볼까요	1
04 4단, 8단 곱셈구구를 알아볼까요	6
05 7단 곱셈구구를 알아볼까요	3
06 9단 곱셈구구를 알아볼까요	5, 8
07 1단 곱셈구구와 0의 곱을 알아볼까요	4
08 곱셈표를 만들어 볼까요	7

길이 재기

개념	공부 계획
01 cm보다 더 큰 단위를 알아볼까요	월 일
02 자로 길이를 재어 볼까요	월 일
03 길이의 합을 구해 볼까요	월 일
04 길이의 차를 구해 볼까요	월 일
05 길이를 어림해 볼까요(1)	월 일
06 길이를 어림해 볼까요(2)	월 일
단원 마무리하기	월 일

cm보다 더 큰 단위를 알아볼까요

1 m 알아보기

100 cm는 1 m와 같습니다. 1 m는 1 미터라고 읽습니다.

100 cm = 1 m

몇 m 몇 cm 알아보기

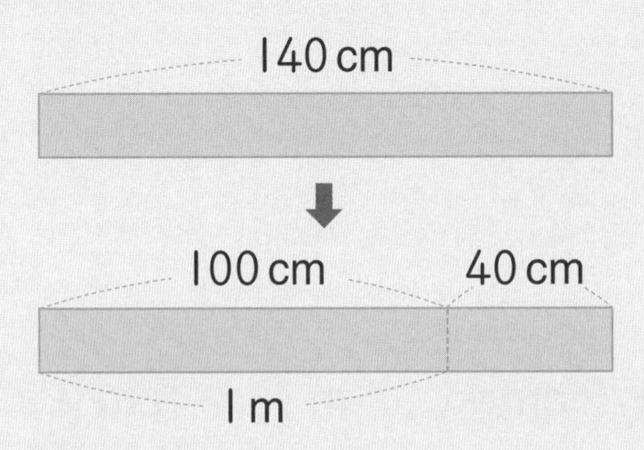

140 cm는 1 m보다 40 cm 더 깁니다.
140 cm를 1 m 40 cm라고도 씁니다.
1 m 40 cm를 1 미터 40 센티미터라고 읽습니다.

140 cm = 1 m 40 cm

1 1 m를 바르게 쓴 것을 찾아 ○표 하세요.

( ) ( ) ( )

2 그림을 보고 길이를 주어진 단위로 나타내 보세요.

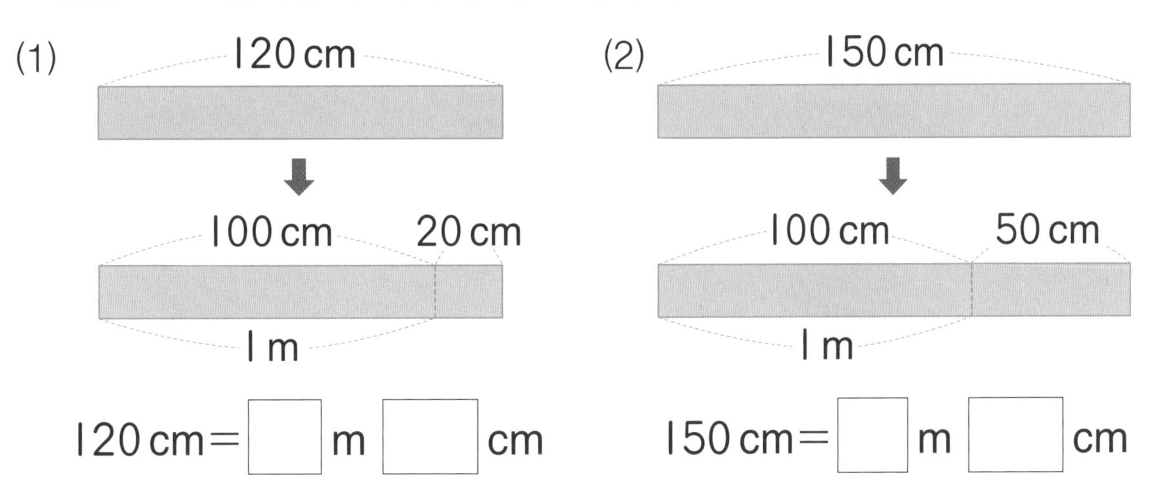

(1) 120 cm = □ m □ cm

(2) 150 cm = □ m □ cm

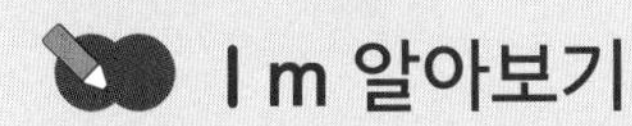

1 길이를 바르게 읽어 보세요.

(1) 2 m 50 cm ➡ (　　　　　　　　　　)

(2) 7 m 36 cm ➡ (　　　　　　　　　　)

2 □ 안에 알맞은 수를 써넣으세요.

(1) 500 cm=□m

(2) 372 cm=□m □cm

(3) 8 m 49 cm=□cm

(4) 6 m 5 cm=□cm

3 가장 짧은 길이를 말한 친구를 찾아 이름을 써 보세요.

(　　　　　　　　)

바른 답 18쪽

4 cm와 m 중 알맞은 단위를 써 보세요.

(1) 전봇대의 높이는 약 7 ☐ 입니다.

(2) 볼펜의 길이는 약 16 ☐ 입니다.

(3) 학교 강당 짧은 쪽의 길이는 약 25 ☐ 입니다.

(4) 칠판 긴 쪽의 길이는 약 300 ☐ 입니다.

5 길이를 잘못 나타낸 표지판을 모두 찾아 색칠해 보세요.

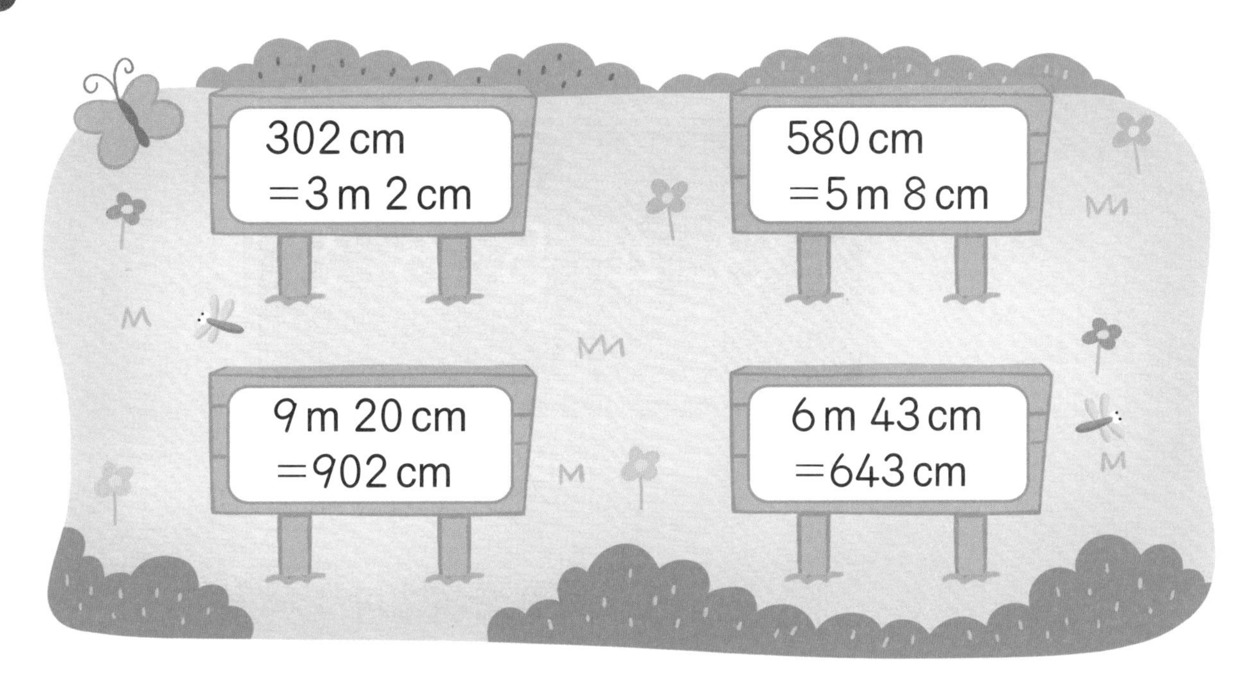

6 수 카드 [4], [8], [5] 를 한 번씩만 사용하여 가장 긴 길이를 만들어 보세요.

☐ m ☐☐ cm

바른 답 18쪽

1 찬영이네 교실 긴 쪽의 길이는 9 m보다 80 cm 더 깁니다. 교실 긴 쪽의 길이는 몇 cm인지 구해 보세요.

( )

2 칠판에 적힌 수를 한 번씩만 사용하여 가장 긴 길이와 가장 짧은 길이를 각각 만들어 보세요.

1 3 4 5 6 8

가장 긴 길이: □ m □□ cm

가장 짧은 길이: □ m □□ cm

02 자로 길이를 재어 볼까요

자 비교하기

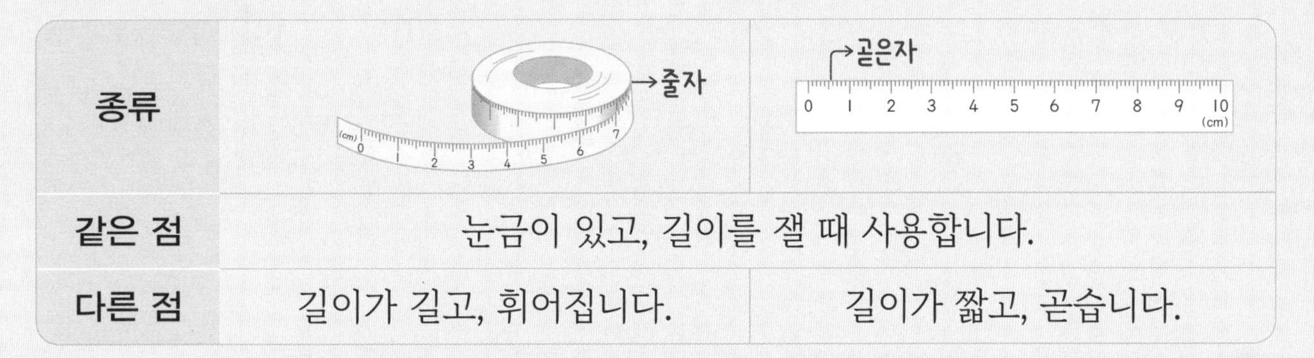

종류	줄자	곧은자
같은 점	눈금이 있고, 길이를 잴 때 사용합니다.	
다른 점	길이가 길고, 휘어집니다.	길이가 짧고, 곧습니다.

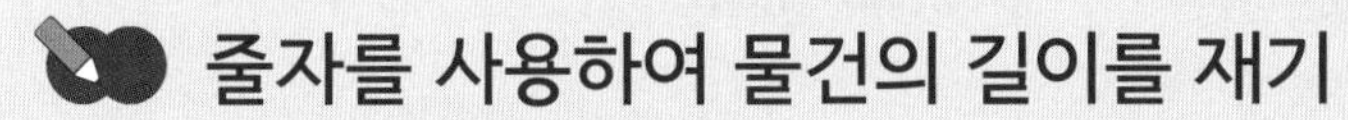

줄자를 사용하여 물건의 길이를 재기

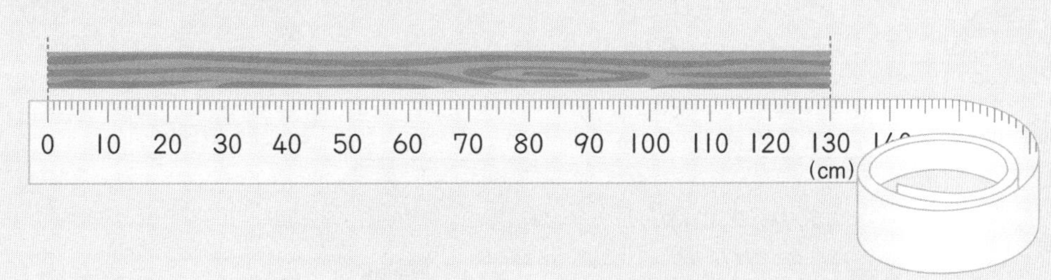

① 나무 막대의 한끝을 줄자의 눈금 0에 맞춥니다.
② 나무 막대의 다른 쪽 끝에 있는 줄자의 눈금을 읽습니다.
➡ 줄자의 눈금을 읽으면 130이므로 나무 막대의 길이는 1 m 30 cm입니다.

개념 확인하기

1 줄자를 사용하여 길이를 재기에 더 적당한 것에 색칠해 보세요.

필통의 길이　　냉장고의 높이

2 줄자를 사용하여 물건의 길이를 재는 방법을 설명한 것입니다. □ 안에 알맞은 수나 말을 써넣으세요.

물건의 한끝을 줄자의 눈금 □에 맞추고, 다른 쪽 끝에 있는 줄자의 □을/를 읽습니다.

1 자에서 화살표가 가리키는 눈금을 읽어 보세요.

☐ m ☐ cm

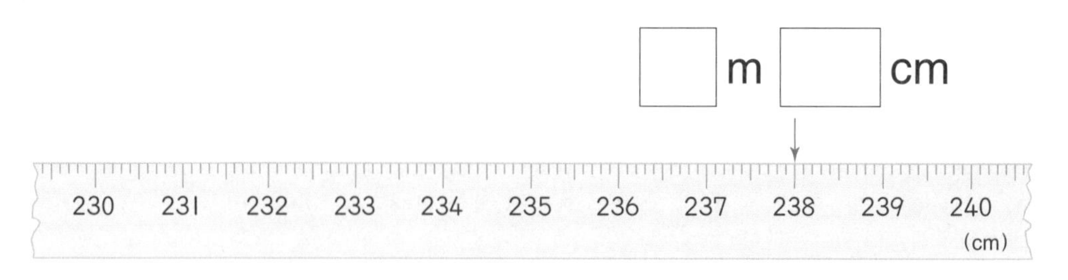

2 식탁 긴 쪽의 길이를 두 가지 방법으로 나타내 보세요.

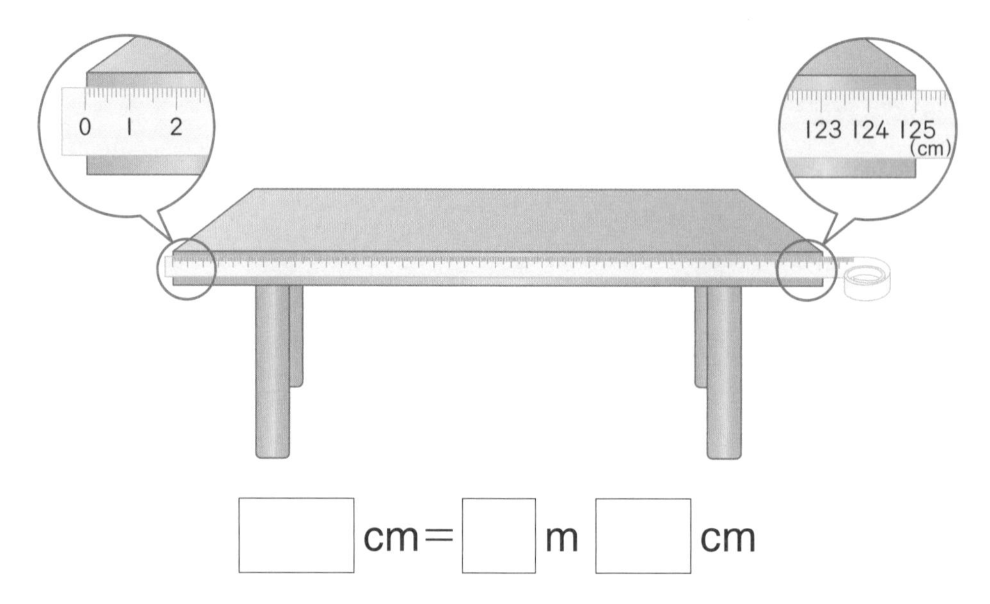

☐ cm＝☐ m ☐ cm

3 민재의 키를 두 가지 방법으로 나타내 보세요.

☐ cm＝☐ m ☐ cm

♥ 바른 답 19쪽

4 한 줄로 놓인 물건들의 길이를 줄자로 재었습니다. 전체 길이는 몇 m 몇 cm인지 구해 보세요.

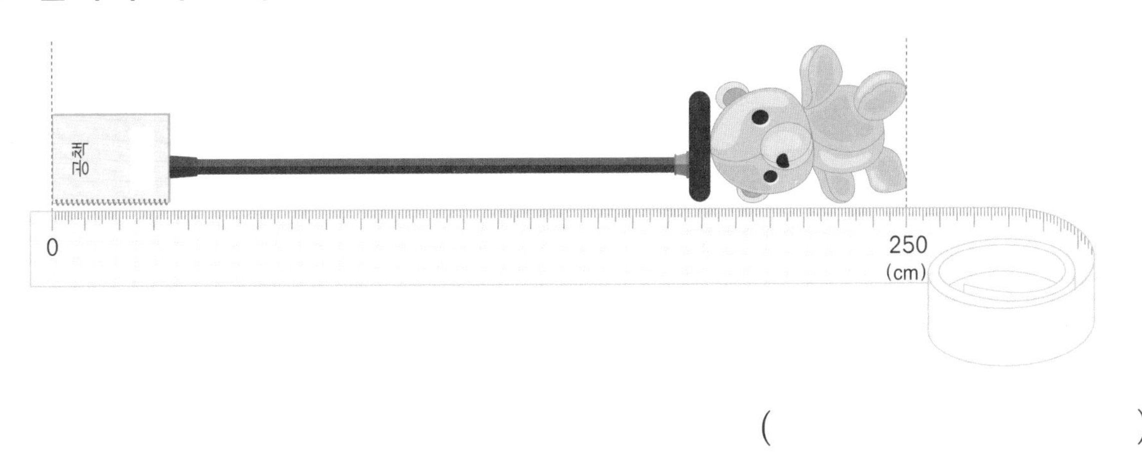

( )

5 길이가 약 1 m, 약 2 m인 물건을 하나씩 찾아보고 자로 재어 확인해 보세요.

길이	물건	실제 길이
약 1 m		
약 2 m		

6 상호가 줄넘기의 길이를 잘못 잰 이유를 써 보세요.

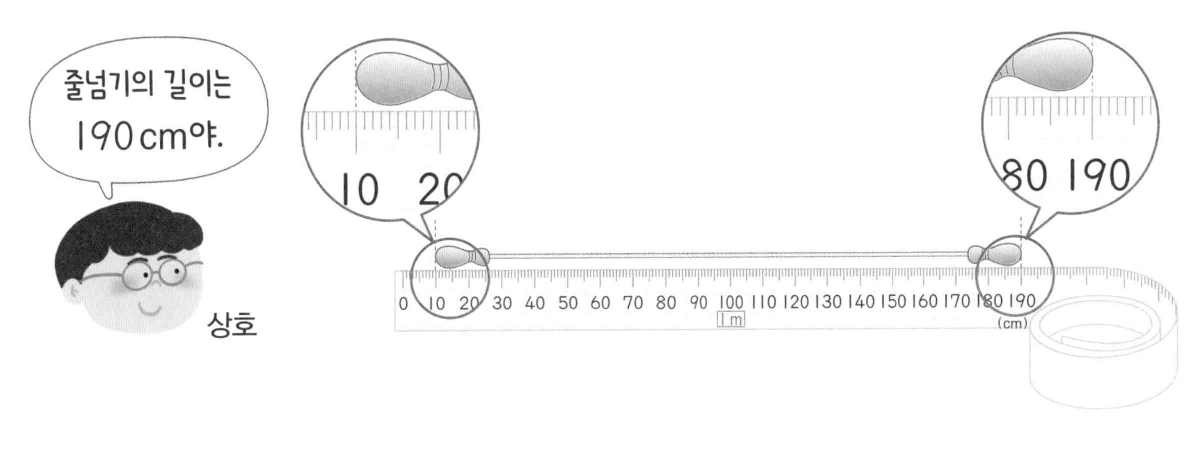

이유

바른 답 19쪽

1 1 m보다 긴 물건을 찾아 자로 길이를 재고, 잰 길이를 두 가지 방법으로 나타내 보세요.

물건	□cm	□m □cm

2 소파의 길이는 몇 cm인지 구해 보세요.

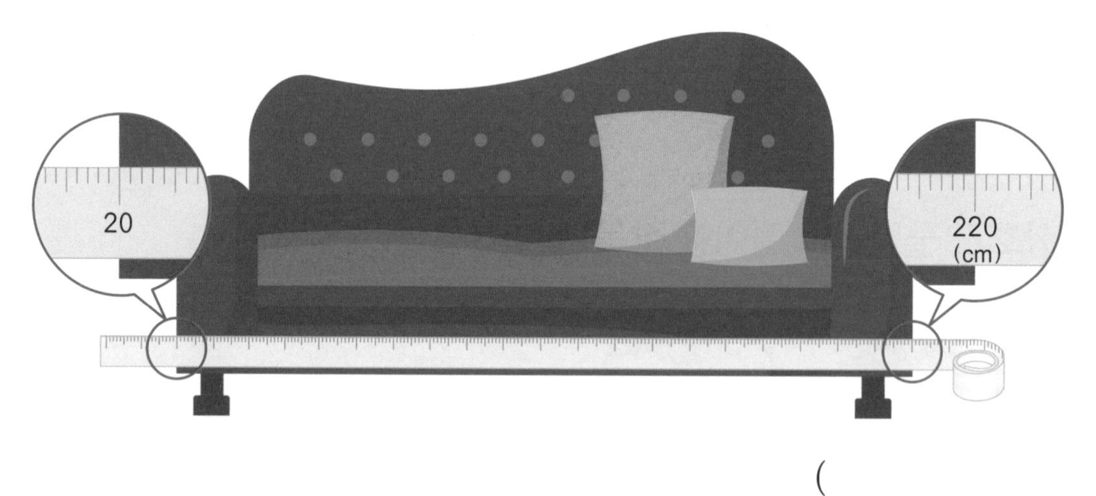

(　　　　　　　)

03 길이의 합을 구해 볼까요

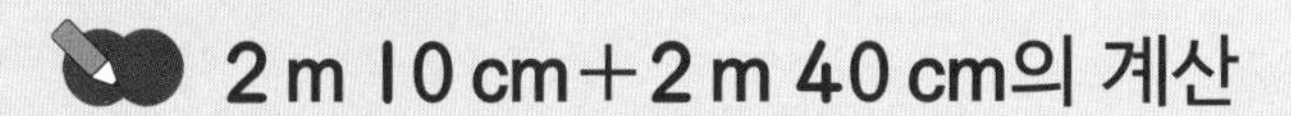

2 m 10 cm+2 m 40 cm의 계산

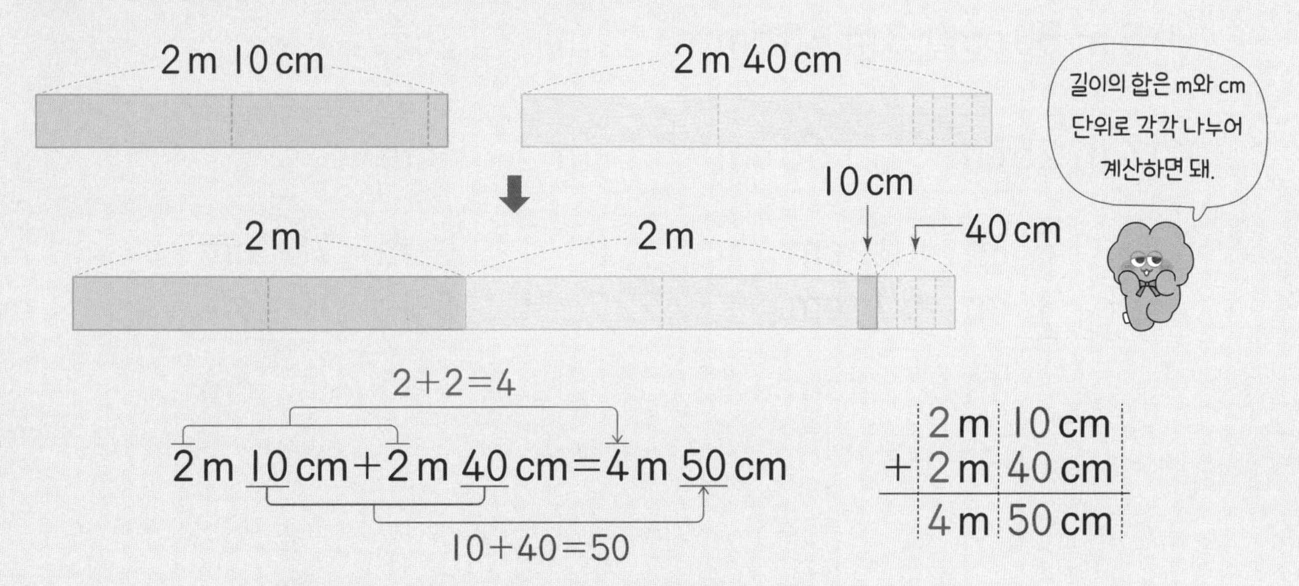

	m	cm
	2 m	10 cm
+	2 m	40 cm
	4 m	50 cm

길이의 합은 m는 m끼리, cm는 cm끼리 더하여 구합니다.

개념 확인하기

1 그림을 보고 □ 안에 알맞은 수를 써넣으세요.

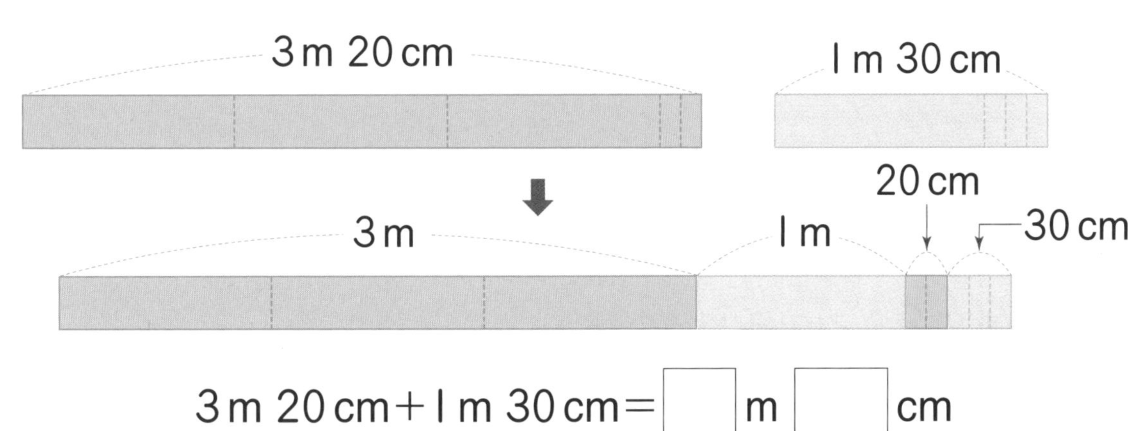

3 m 20 cm+1 m 30 cm=□ m □ cm

2 □ 안에 알맞은 수를 써넣으세요.

	m	cm
	4 m	30 cm
+	1 m	50 cm

➡

	m	cm
	4 m	30 cm
+	1 m	50 cm
		□ cm

➡

	m	cm
	4 m	30 cm
+	1 m	50 cm
	□ m	□ cm

1 길이의 합을 구해 보세요.

(1) 2 m 30 cm+3 m 40 cm=☐ m ☐ cm

(2) 4 m 25 cm+4 m 65 cm=☐ m ☐ cm

(3)
```
    6 m 10 cm
+   1 m 50 cm
-------------
    ☐ m ☐ cm
```

(4)
```
    2 m 75 cm
+   3 m 10 cm
-------------
    ☐ m ☐ cm
```

2 색 테이프의 전체 길이는 몇 m 몇 cm인지 구해 보세요.

2 m 16 cm　　2 m 40 cm

(　　　　　　　　)

3 빈칸에 알맞은 길이를 써넣으세요.

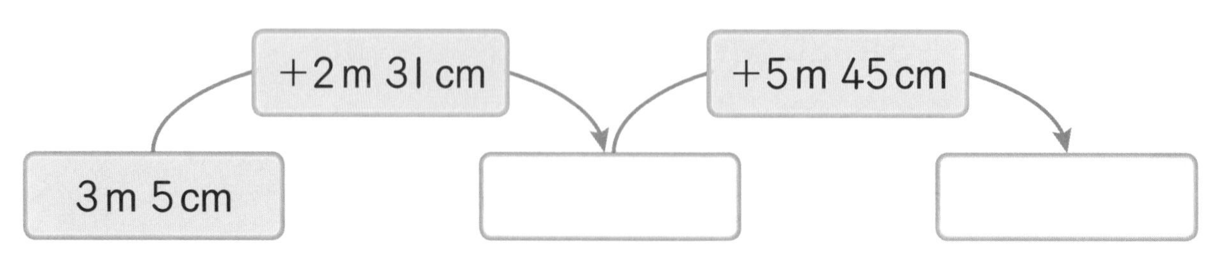

바른 답 20쪽

4 길이가 더 긴 것에 ○표 하세요.

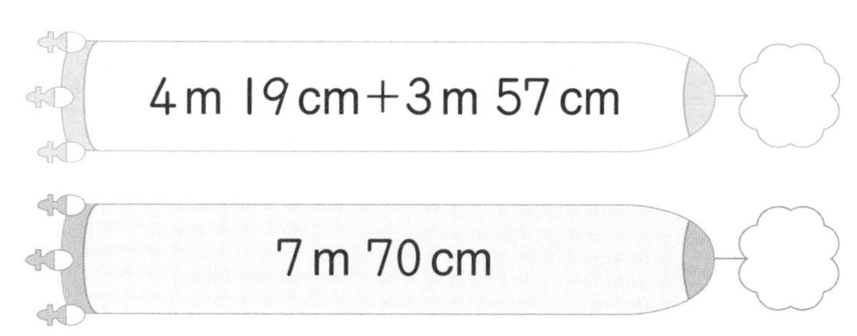

5 민호와 예진이는 제자리멀리뛰기를 하였습니다. 민호는 1 m 52 cm를 뛰었고, 예진이는 1 m 28 cm를 뛰었습니다. 두 친구가 뛴 거리의 합은 몇 m 몇 cm인지 구해 보세요.

(   )

6 가장 긴 길이와 가장 짧은 길이의 합은 몇 m 몇 cm인지 구해 보세요.

5 m 34 cm	2 m 21 cm	7 m 58 cm

(   )

바른 답 20쪽

1 아라의 키는 123 cm이고, 아라 아버지의 키는 아라의 키보다 55 cm 더 큽니다. 아라 아버지의 키는 몇 m 몇 cm인지 구해 보세요.

(　　　　　　　　　　)

2 다음과 같은 길이의 세 물건을 겹치지 않게 길게 이었습니다. 이은 전체 길이는 몇 m 몇 cm인지 구해 보세요.

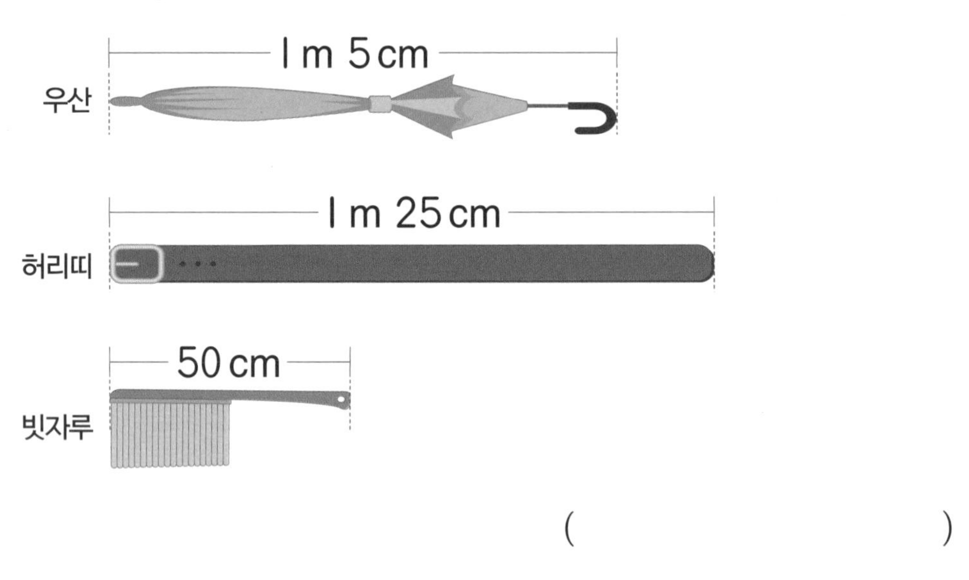

(　　　　　　　　　　)

길이의 차를 구해 볼까요

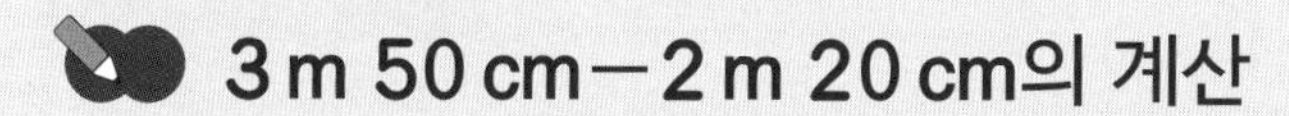

3 m 50 cm－2 m 20 cm의 계산

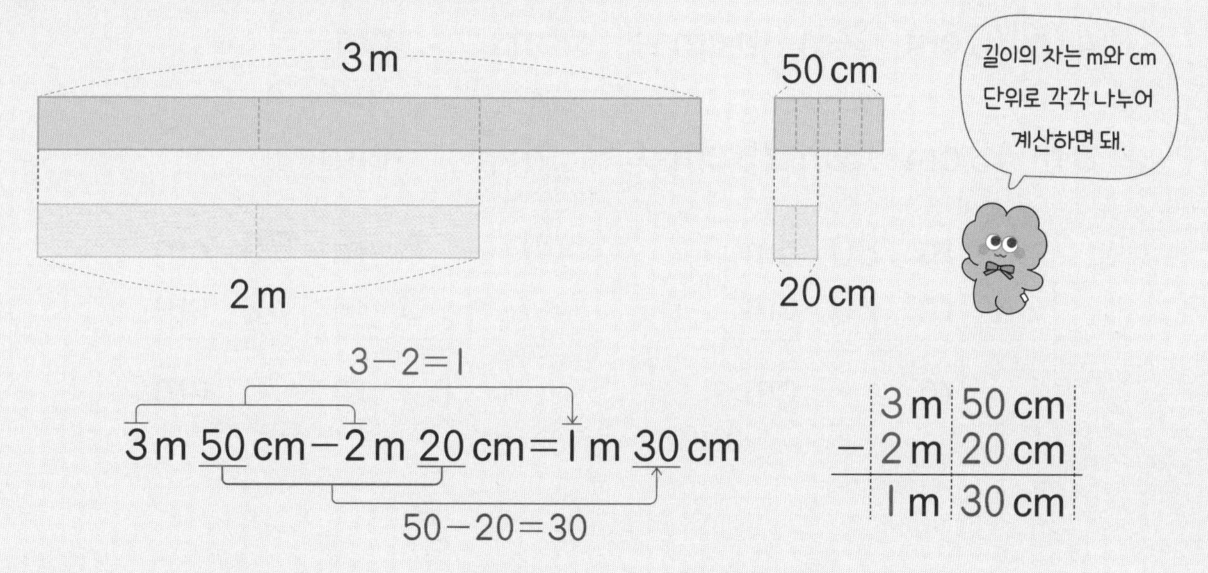

	3 m	50 cm
－	2 m	20 cm
	1 m	30 cm

길이의 차는 m는 m끼리, cm는 cm끼리 빼서 구합니다.

1 그림을 보고 □ 안에 알맞은 수를 써넣으세요.

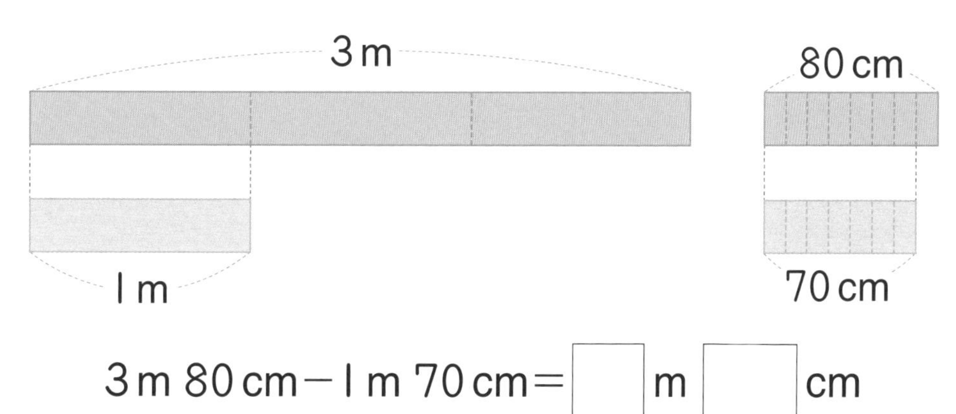

3 m 80 cm－1 m 70 cm=□ m □ cm

2 □ 안에 알맞은 수를 써넣으세요.

	5 m	90 cm
－	3 m	40 cm

➡

	5 m	90 cm
－	3 m	40 cm
		□ cm

➡

	5 m	90 cm
－	3 m	40 cm
	□ m	□ cm

1 길이의 차를 구해 보세요.

(1) 4 m 70 cm − 2 m 30 cm = □ m □ cm

(2) 8 m 48 cm − 3 m 23 cm = □ m □ cm

(3)
$$\begin{array}{rrrr} & 5\ \text{m} & 80\ \text{cm} \\ - & 1\ \text{m} & 20\ \text{cm} \\ \hline & \square\ \text{m} & \square\ \text{cm} \end{array}$$

(4)
$$\begin{array}{rrrr} & 6\ \text{m} & 75\ \text{cm} \\ - & 3\ \text{m} & 32\ \text{cm} \\ \hline & \square\ \text{m} & \square\ \text{cm} \end{array}$$

2 □ 안에 알맞은 수를 써넣으세요.

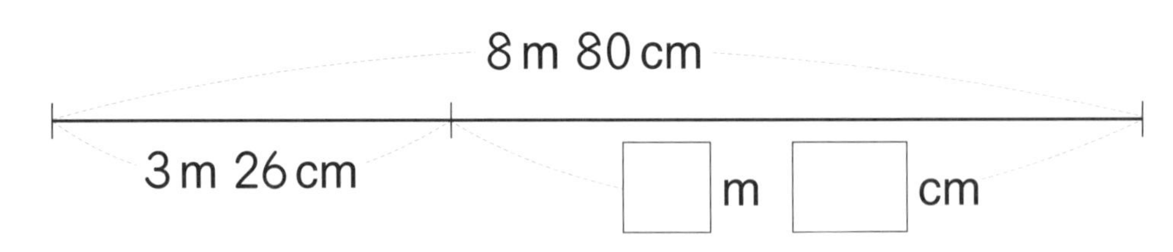

3 어느 리본이 얼마만큼 더 긴지 알아보세요.

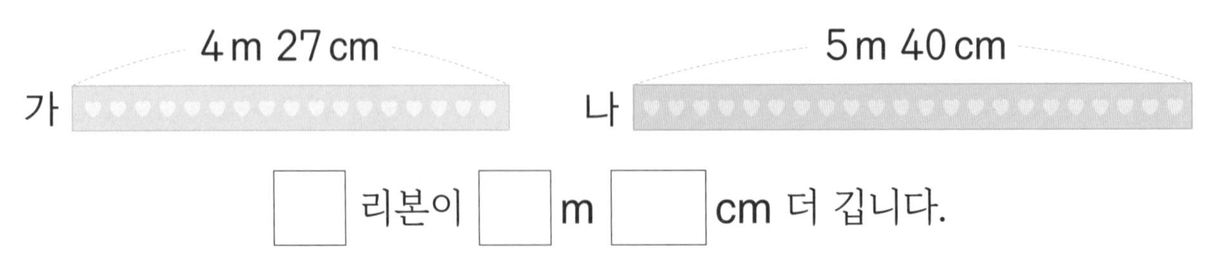

□ 리본이 □ m □ cm 더 깁니다.

4 창문 긴 쪽과 짧은 쪽의 길이의 차는 몇 m 몇 cm인지 구해 보세요.

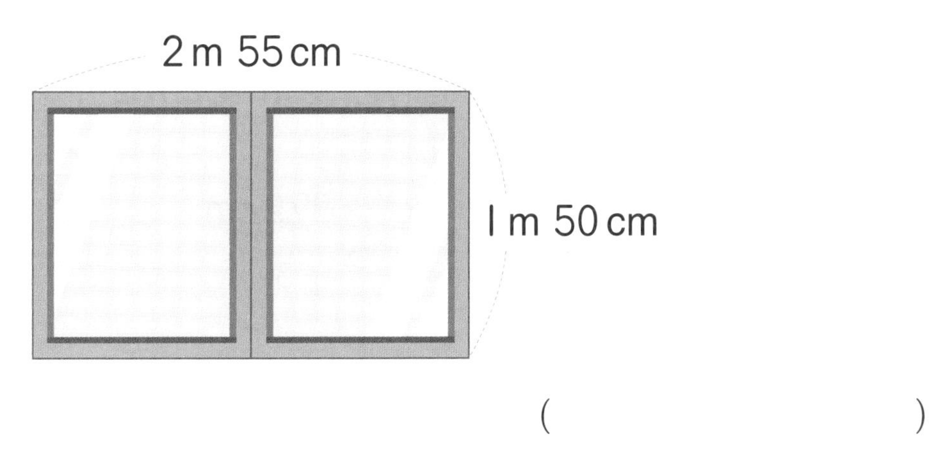

(　　　　　　　　)

5 그네에서 시소와 미끄럼틀 중 어느 것까지의 거리가 몇 m 몇 cm 더 가까운지 차례대로 구해 보세요.

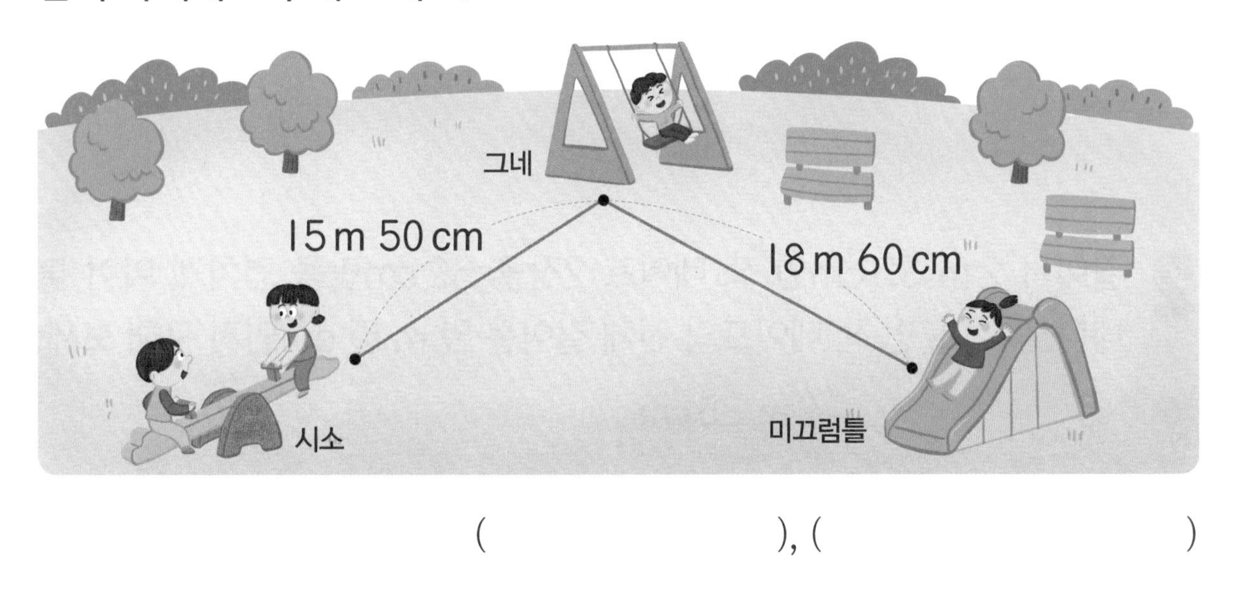

(　　　　　　　　), (　　　　　　　　)

6 두 털실의 길이의 차보다 짧은 길이를 모두 찾아 색칠해 보세요.

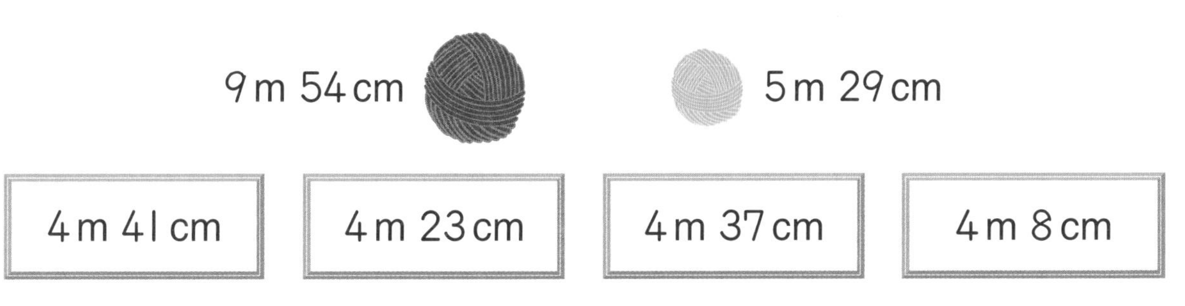

바른 답 21쪽

1 길이가 1 m 40 cm인 고무줄을 양쪽에서 잡아당겼더니 372 cm가 되었습니다. 늘어난 고무줄의 길이는 몇 m 몇 cm인지 구해 보세요.

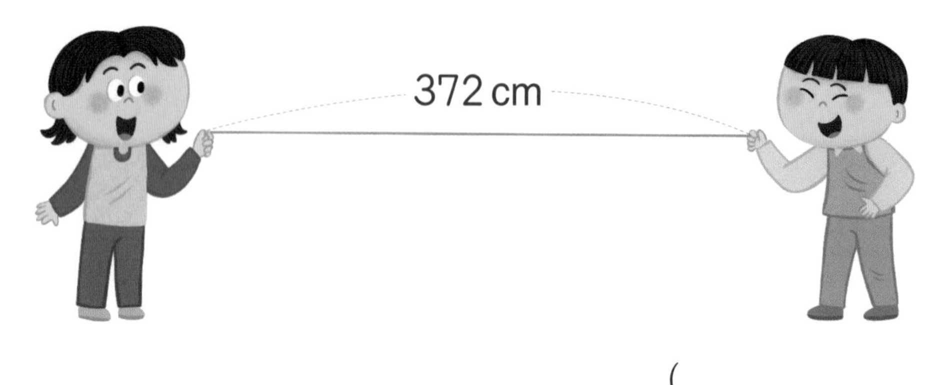

( )

2 길이가 2 m 35 cm인 색 테이프 2장을 52 cm만큼 겹치게 이어 붙였습니다. 이어 붙인 색 테이프의 전체 길이는 몇 m 몇 cm인지 구해 보세요.

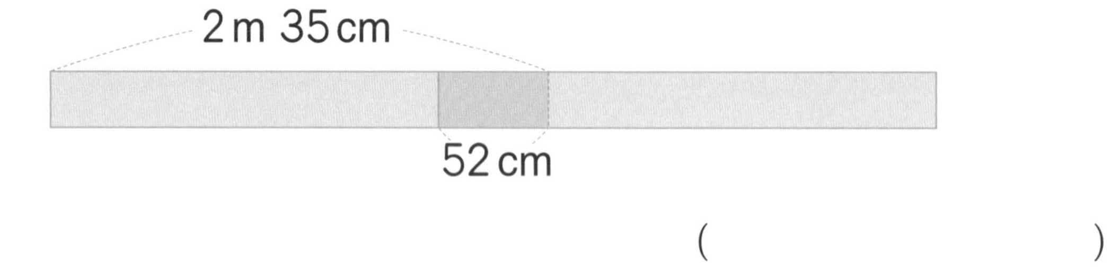

( )

길이를 어림해 볼까요(1)

몸의 부분으로 1 m 재어 보기

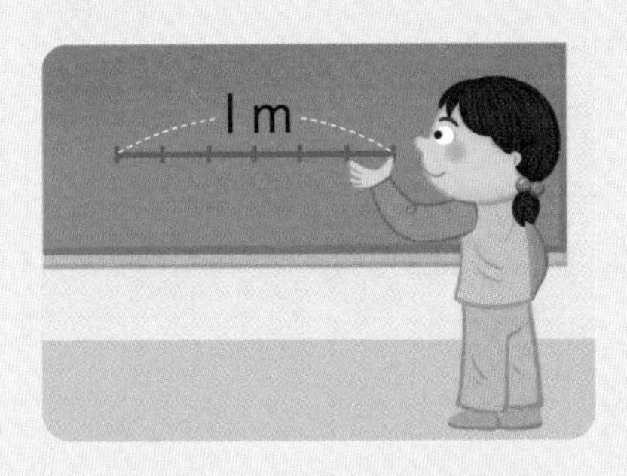

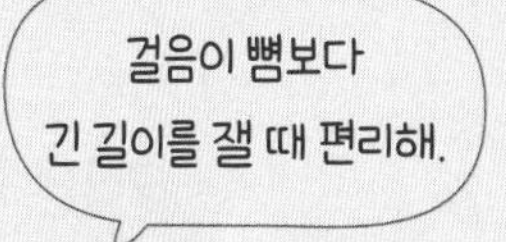

① 뼘으로 1 m를 재어 보면 약 6뼘입니다.
② 걸음으로 1 m를 재어 보면 약 2걸음입니다.

몸에서 1 m가 되는 부분 찾아보기

① 키에서 찾아보기
발바닥에서 어깨까지의 길이는 약 1 m입니다.
② 양팔을 벌린 길이에서 찾아보기
한쪽 손끝에서 다른 쪽 손 손목까지의 길이는 약 1 m입니다.

개념 확인하기

1 몸의 부분으로 길이를 재려고 합니다. 알맞은 말에 ○표 하세요.

짧은 물건의 길이를 잴 때는 (뼘 , 걸음)으로 재는 것이 편리합니다.

2 발 길이를 이용하여 1 m를 재었습니다. □ 안에 알맞은 수를 써넣으세요.

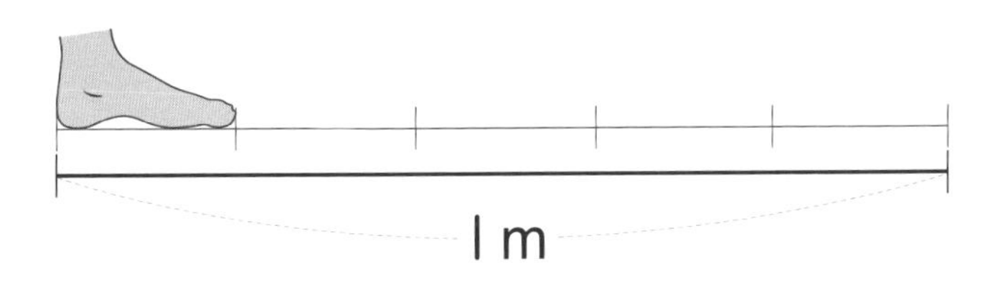

발 길이로 1 m를 재어 보면 약 □번입니다.

1 수찬이 동생의 키가 약 1 m일 때 옷장의 높이는 약 몇 m인지 구해 보세요.

➡ 약 □ m

2 은규가 양팔을 벌린 길이가 약 1 m일 때 트럭 긴 쪽의 길이는 약 몇 m인지 구해 보세요.

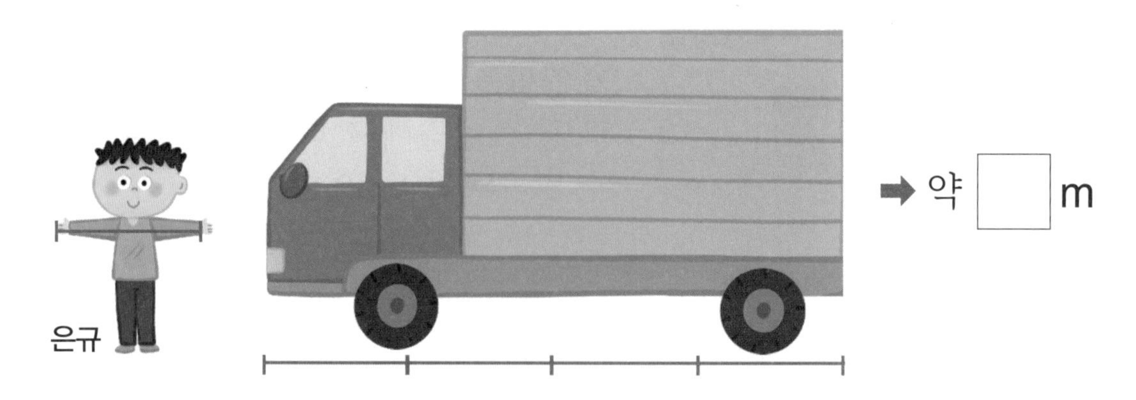

➡ 약 □ m

3 길이가 1 m보다 긴 것을 모두 찾아 ○표 하세요.

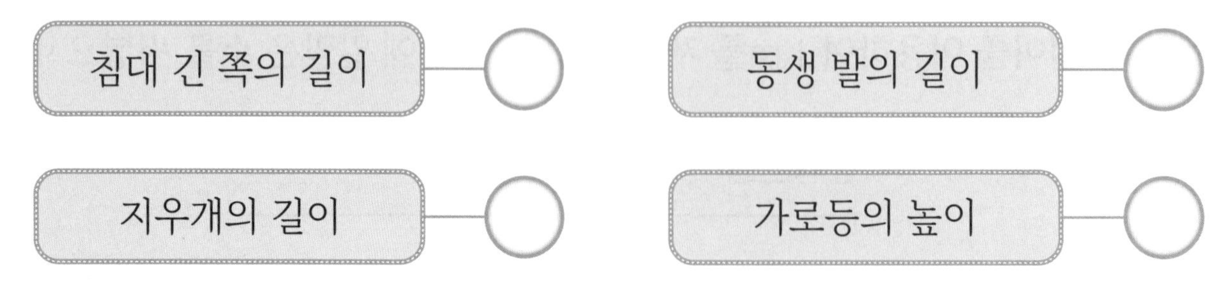

바른 답 22쪽

4 키를 이용하여 물건의 길이를 어림하고 알맞은 물건을 2개씩 찾아 써 보세요.

내 키보다 짧은 물건들	
내 키만 한 물건들	
내 키보다 긴 물건들	

5 세 친구가 교실 짧은 쪽의 길이를 재었습니다. 잰 횟수가 가장 적은 친구를 찾아 이름을 써 보세요.

(　　　　　　　　　)

6 하림이의 2걸음은 약 1 m입니다. 운동장에 세운 두 깃발 사이의 거리는 약 몇 m인지 구해 보세요.

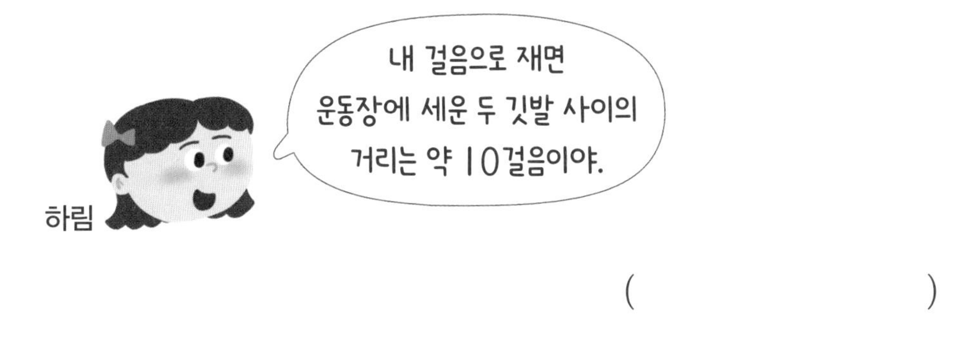

(　　　　　　　　　)

바른 답 22쪽

1 소연이의 키는 약 1 m 30 cm이고, 그네의 높이는 소연이의 키의 약 2배입니다. 그네의 높이는 약 몇 m 몇 cm인지 구해 보세요.

( )

2 한 사람이 양팔을 벌린 길이는 약 120 cm입니다. 가 모둠과 나 모둠 중에서 7 m에 더 가까운 길이를 만든 모둠을 써 보세요.

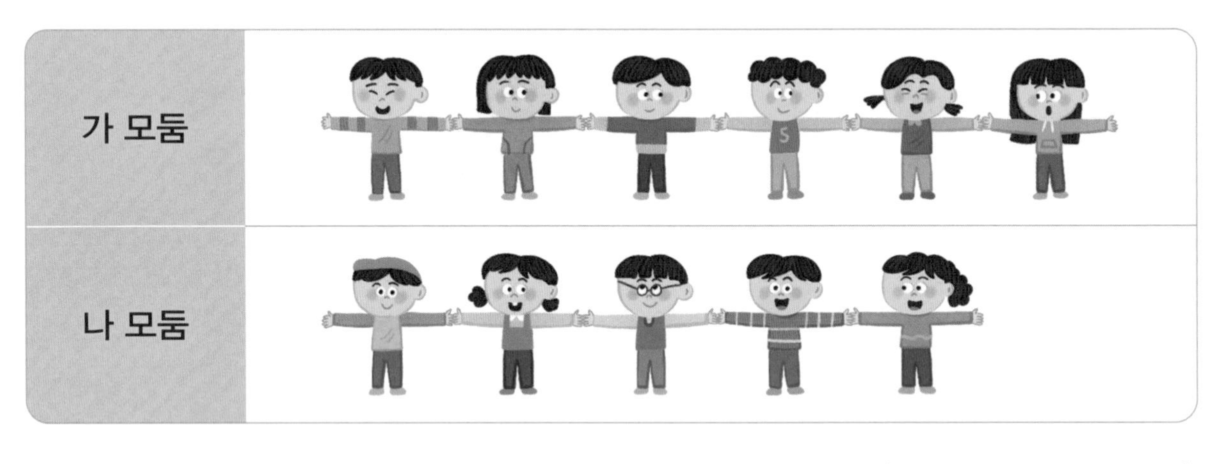

( )

길이를 어림해 볼까요(2)

여러 가지 길이 어림하기

① 막대의 길이 어림하기

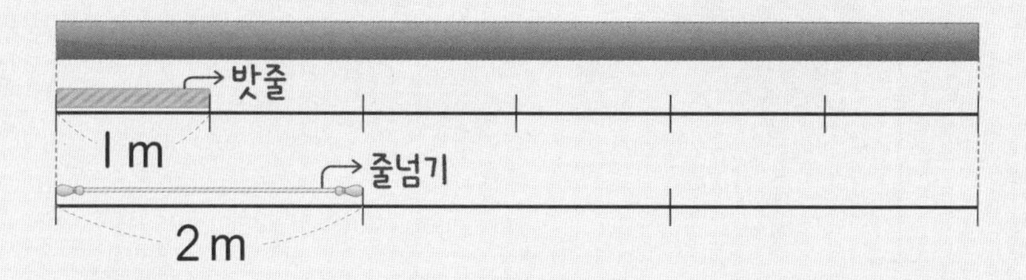

방법❶ 막대의 길이는 1 m의 6배 정도이므로 약 6 m입니다.
방법❷ 막대의 길이는 2 m의 3배 정도이므로 약 6 m입니다.

② 두 깃발 사이의 거리 어림하기

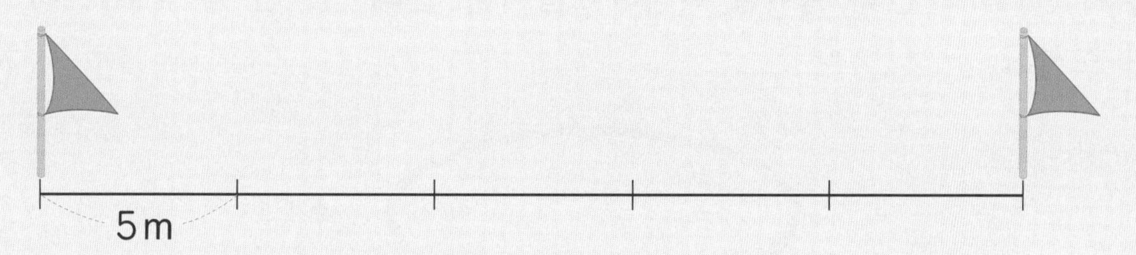

➡ 두 깃발 사이의 거리는 5 m의 5배 정도이므로 약 25 m입니다.

1 실제 길이에 가까운 것을 찾아 이어 보세요.

기린의 키

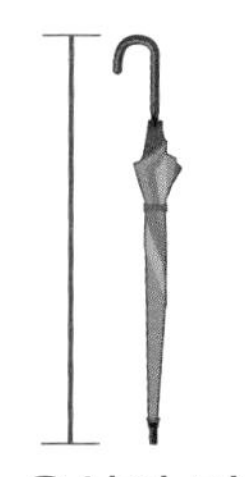
우산의 길이

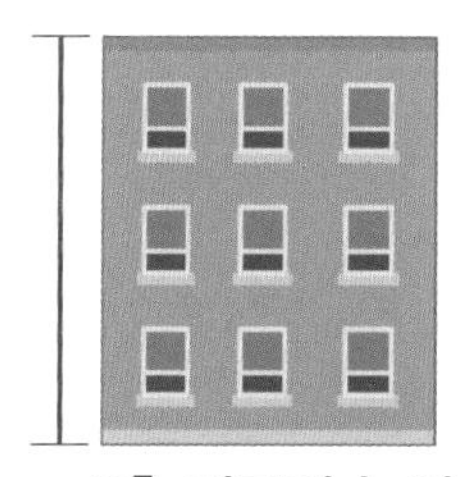
3층 건물의 높이

1 m　　5 m　　10 m

1 작은 나무의 키가 약 1 m일 때 큰 나무의 키는 약 몇 m인지 구해 보세요.

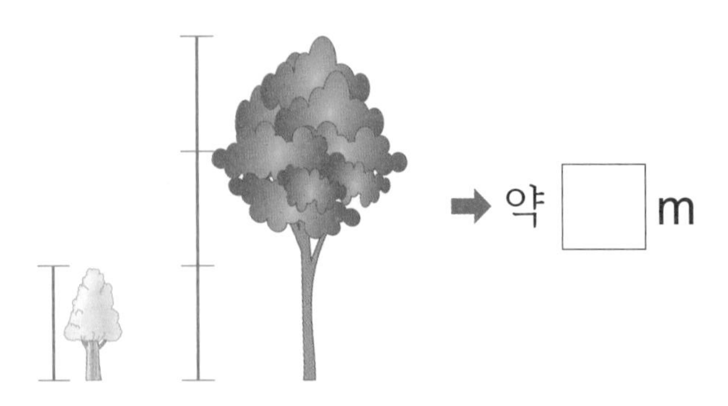

2 주어진 1 m로 끈의 길이를 어림하였습니다. 끈의 길이는 약 몇 m인지 구해 보세요.

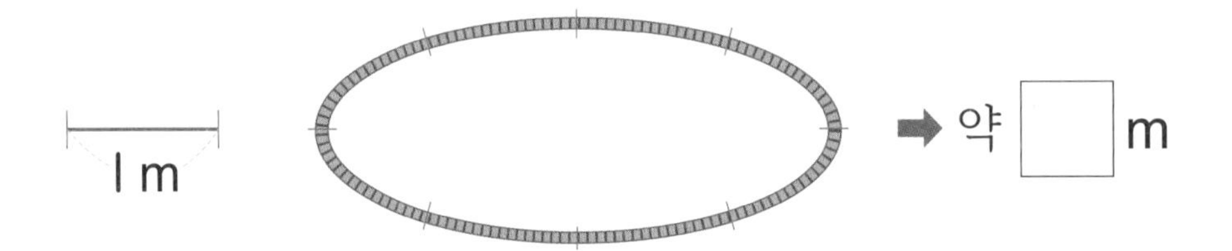

3 보기 에서 알맞은 길이를 골라 문장을 완성해 보세요.

보기

1 m　　3 m　　10 m　　50 m

(1) 전봇대의 높이는 약 ☐ 입니다.

(2) 미끄럼틀의 높이는 약 ☐ 입니다.

(3) 실내 수영장 긴 쪽의 길이는 약 ☐ 입니다.

4 주어진 3 m로 화단 긴 쪽의 길이를 어림하였습니다. 화단 긴 쪽의 길이는 약 몇 m인지 구해 보세요.

( )

5 길이가 5 m보다 긴 것을 모두 찾아 ○표 하세요.

- 지하철 한 칸의 길이 ( )
- 식탁의 높이 ( )
- 운동장 짧은 쪽의 길이 ( )
- 필통 5개를 이어 놓은 길이 ( )

6 공원에서 편의점까지의 거리는 약 몇 m인지 구해 보세요.

공원 학교 편의점

약 20 m 약 30 m

( )

바른 답 23쪽

1 세 친구가 각각 어림하여 1 m 50 cm가 되도록 끈을 잘랐습니다. 자른 끈의 길이가 1 m 50 cm에 가장 가까운 친구를 찾아 이름을 써 보세요.

이름	유정	영호	희선
자른 끈의 길이	1 m 75 cm	1 m 40 cm	1 m 80 cm

(　　　　　　　)

2 그림에서 책장 한 칸의 높이는 약 40 cm입니다. 의자의 높이는 약 몇 m 몇 cm인지 구해 보세요.

(　　　　　　　)

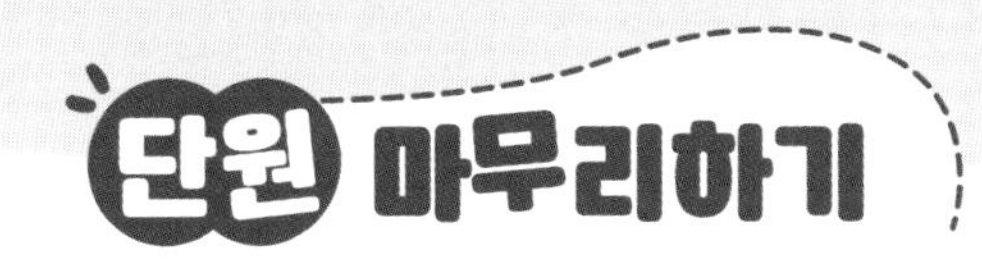

1 □ 안에 알맞은 수를 써넣으세요.

(1) 5 m 72 cm=□ cm

(2) 3 m 19 cm=□ cm

(3) 240 cm=□ m □ cm

(4) 768 cm=□ m □ cm

2 주어진 1 m로 축구 골대의 길이를 어림하였습니다. 축구 골대의 길이는 약 몇 m인지 구해 보세요.

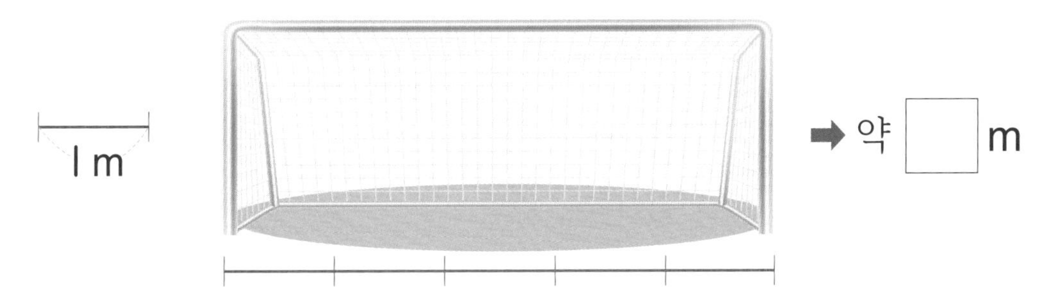

➡ 약 □ m

3 액자 긴 쪽의 길이를 두 가지 방법으로 나타내 보세요.

□ cm=□ m □ cm

4 학교 복도의 길이를 다음 방법으로 잴 때 더 많은 횟수로 재어야 하는 것에 색칠해 보세요.

양팔을 벌린 길이	발 길이

5 두 길이의 차는 몇 m 몇 cm인지 구해 보세요.

(　　　　　　　　　　)

6 긴 길이부터 차례대로 기호를 써 보세요.

㉠ 602 cm　　㉡ 6 m 26 cm
㉢ 6 m 5 cm　　㉣ 649 cm

(　　　　　　　　　　)

7 승규 아버지의 키는 1 m 74 cm이고, 승규의 키는 아버지의 키보다 47 cm 더 작습니다. 승규의 키는 몇 m 몇 cm인지 구해 보세요.

(   )

8 길이가 2 m 25 cm인 철사 3개를 겹치지 않게 이어 붙였습니다. 이어 붙인 철사의 전체 길이는 몇 m 몇 cm인지 구해 보세요.

(   )

9 수지가 책상 짧은 쪽의 길이를 자신의 뼘으로 재어 보았더니 약 6뼘이었습니다. 책상 짧은 쪽의 길이는 약 몇 cm인지 구해 보세요.

(   )

빠른 개념 찾기

틀린 문제는 개념을 다시 확인해 보세요.

개념	문제 번호
01 cm보다 더 큰 단위를 알아볼까요	1, 6
02 자로 길이를 재어 볼까요	3
03 길이의 합을 구해 볼까요	8
04 길이의 차를 구해 볼까요	5, 7
05 길이를 어림해 볼까요(1)	4, 9
06 길이를 어림해 볼까요(2)	2

시각과 시간

개념	공부 계획
01 몇 시 몇 분을 읽어 볼까요(1)	월 일
02 몇 시 몇 분을 읽어 볼까요(2)	월 일
03 여러 가지 방법으로 시각을 읽어 볼까요	월 일
04 1시간을 알아볼까요	월 일
05 걸린 시간을 알아볼까요	월 일
06 하루의 시간을 알아볼까요	월 일
07 달력을 알아볼까요	월 일
단원 마무리하기	월 일

01 몇 시 몇 분을 읽어 볼까요(1)

5분 단위까지 시각 읽기

시계의 긴바늘이 가리키는 숫자가 1이면 5분, 2이면 10분, 3이면 15분……을 나타냅니다.

① 짧은바늘: 6과 7 사이를 가리키므로 6시입니다.

② 긴바늘: 3을 가리키므로 15분입니다.

➡ 시계가 나타내는 시각은 6시 15분입니다.

4시 35분을 시계에 나타내기

① 4시 몇 분이므로 짧은바늘이 4와 5 사이를 가리키도록 나타냅니다.

② 35분이므로 긴바늘이 7을 가리키도록 나타냅니다.

개념 확인하기

1 시계를 보고 □ 안에 알맞은 수를 써넣으세요.

(1) 짧은바늘은 12와 □ 사이를 가리키고 있습니다.

(2) 긴바늘은 □ 을/를 가리키고 있습니다.

(3) 시계가 나타내는 시각은 □ 시 □ 분입니다.

1 시계에서 각각의 숫자가 몇 분을 나타내는지 써넣으세요.

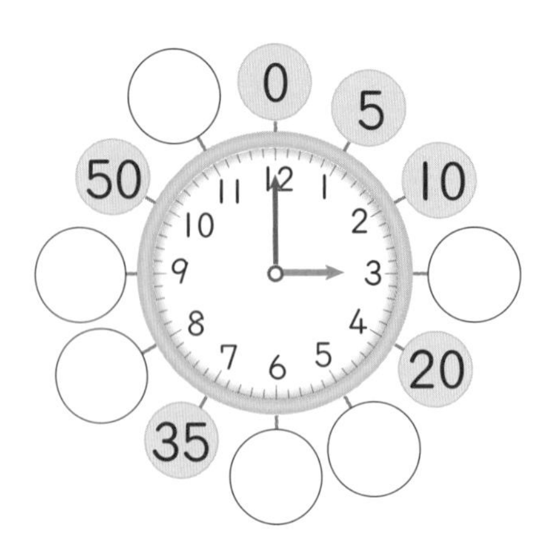

2 시각을 써 보세요.

(1)

□시 □분

(2)

□시 □분

3 시각에 맞게 긴바늘을 그려 넣으세요.

(1) 9시 25분

(2) 7시 50분

바른 답 25쪽

4 거울에 비친 시계를 보니 오른쪽 그림과 같았습니다. 이 시계가 나타내는 시각은 몇 시 몇 분인지 써 보세요.

(　　　　　　　　　　)

5 현지와 남희가 어떤 시각에 대해 말하고 있습니다. 두 친구가 말하고 있는 시각은 몇 시 몇 분인지 써 보세요.

현지: 시계의 짧은바늘이 3과 4 사이를 가리키고 있어.
남희: 시계의 긴바늘이 7을 가리키고 있어.

(　　　　　　　　　　)

6 선아가 시각을 잘못 읽은 이유를 써 보세요.

이유 ____________________

____

바른 답 25쪽

1 영화가 6시 20분에 끝났습니다. 영화가 끝난 시각을 시계에 나타내 보세요.

2 주호와 친구들이 오늘 아침에 일어난 시각입니다. 가장 늦게 일어난 친구를 찾아 이름을 써 보세요.

주호

아람

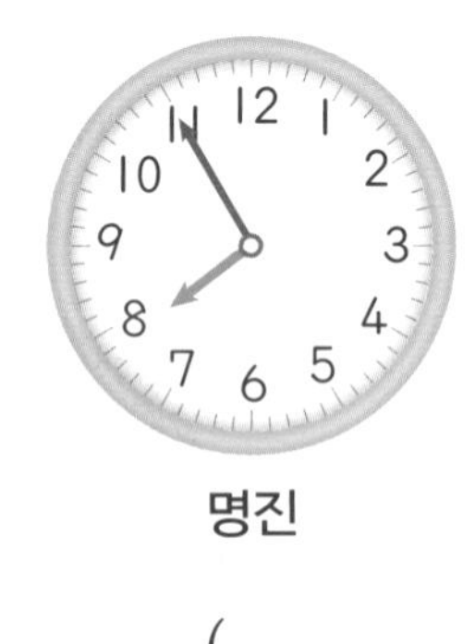
명진

(　　　　　　　)

공부한 날 월 일

몇 시 몇 분을 읽어 볼까요(2)

1분 단위까지 시각 읽기

시계에서 긴바늘이 가리키는 작은 눈금 한 칸은 1분을 나타냅니다.

① 짧은바늘: 5와 6 사이를 가리키므로 5시입니다.

② 긴바늘: 2에서 작은 눈금으로 2칸 더 간 곳을 가리키므로 12분입니다.

➡ 시계가 나타내는 시각은 5시 12분입니다.

1시 23분을 시계에 나타내기

① 1시 몇 분이므로 짧은바늘이 1과 2 사이를 가리키도록 나타냅니다.

② 23분이므로 긴바늘이 4에서 작은 눈금으로 3칸 더 간 곳을 가리키도록 나타냅니다.

1 시계를 보고 □ 안에 알맞은 수를 써넣으세요.

(1) 짧은바늘은 8과 □ 사이를 가리키고 있습니다.

(2) 긴바늘은 11에서 작은 눈금으로 □칸 더 간 곳을 가리키고 있습니다.

(3) 시계가 나타내는 시각은 □시 □분입니다.

1 시각을 써 보세요.

(1)

☐시 ☐분

(2)

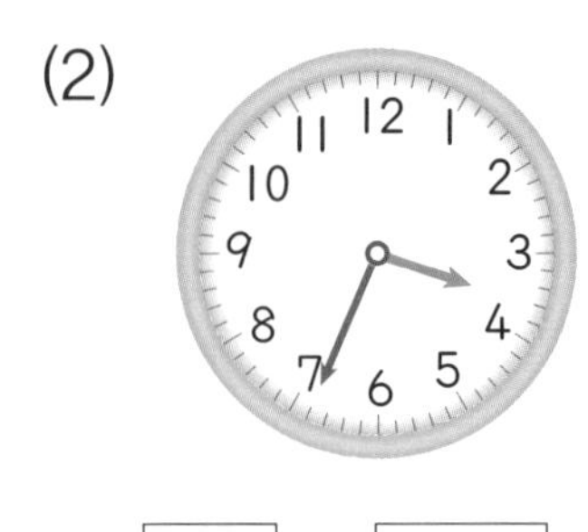

☐시 ☐분

2 같은 시각을 나타낸 것끼리 이어 보세요.

11:23 • 5:52 • 8:39 •

3 시각에 맞게 긴바늘을 그려 넣으세요.

(1) 3시 42분

(2) 10시 31분

바른 답 26쪽

4 재하가 태권도 학원에 간 시각에 맞게 긴바늘을 그려 넣으세요.

5 다음 시계가 나타내는 시각은 몇 시 몇 분인지 써 보세요.

- 짧은바늘: 9와 10 사이를 가리킵니다.
- 긴바늘: 7에서 작은 눈금으로 3칸 더 간 곳을 가리킵니다.

(　　　　　　　　　　)

6 승연이가 몇 시 몇 분에 어떤 일을 하였는지 설명해 보세요.

____

____

♥ 바른 답 26쪽

1 정류장에 버스가 3시 7분에 도착했습니다. 버스가 도착한 시각을 시계에 나타내 보세요.

2 왼쪽 시계는 5시 16분의 시각을 잘못 나타낸 것입니다. 잘못 나타낸 이유를 쓰고, 시각에 맞게 오른쪽 시계에 나타내 보세요.

이유 ____________________

____

여러 가지 방법으로 시각을 읽어 볼까요

몇 시 몇 분 전 알아보기

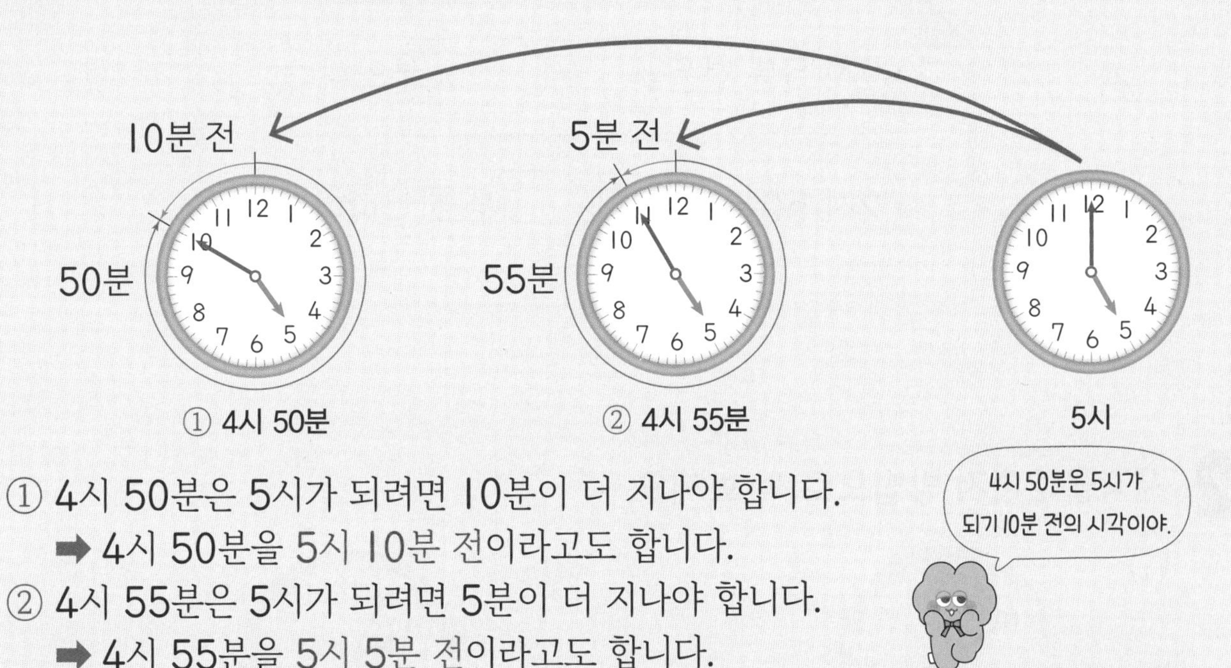

① 4시 50분은 5시가 되려면 10분이 더 지나야 합니다.
➡ 4시 50분을 5시 10분 전이라고도 합니다.

② 4시 55분은 5시가 되려면 5분이 더 지나야 합니다.
➡ 4시 55분을 5시 5분 전이라고도 합니다.

4시 50분은 5시가 되기 10분 전의 시각이야.

개념 확인하기

1 여러 가지 방법으로 시각을 쓰려고 합니다. □ 안에 알맞은 수를 써넣으세요.

(1) 시계가 나타내는 시각은 □시 □분입니다.

(2) 12시가 되려면 □분이 더 지나야 합니다.

(3) 이 시각은 □시 □분 전입니다.

2 시각에 맞게 시계에 나타낸 것에 ○표 하세요.

6시 10분 전

(   )   (   )

1 □ 안에 알맞은 수를 써넣으세요.

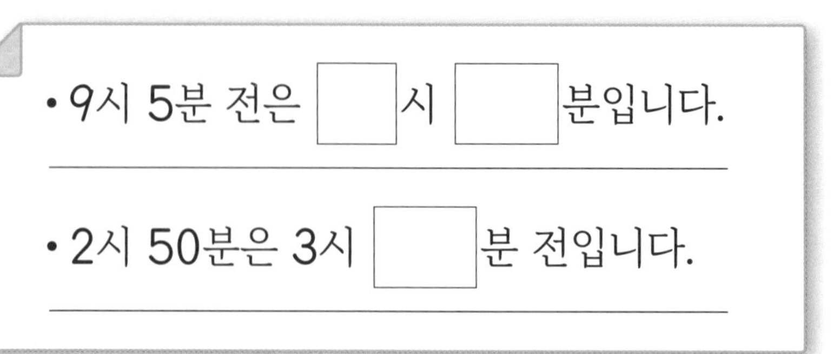

2 시각을 2가지 방법으로 써 보세요.

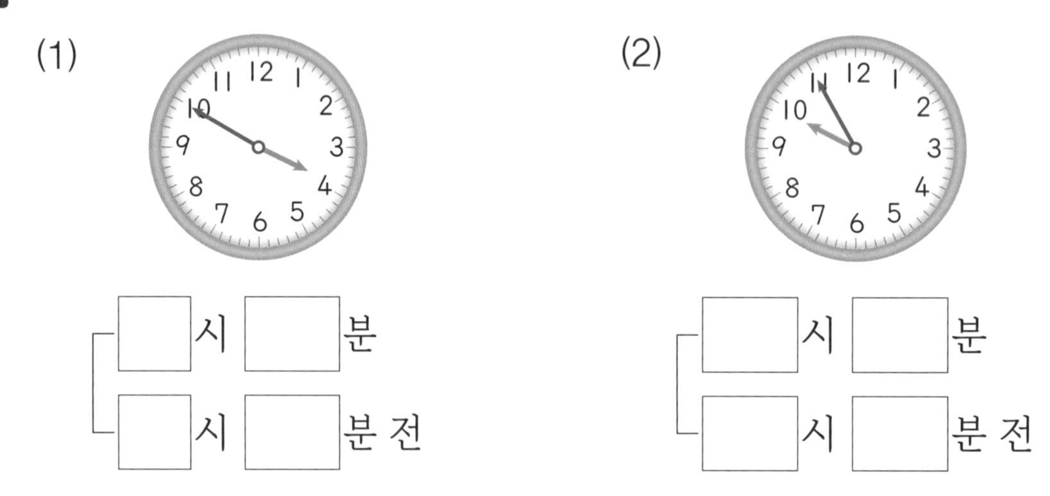

3 같은 시각을 나타낸 것끼리 이어 보세요.

4 채아가 바이올린 연습을 시작한 시각과 끝낸 시각을 나타낸 것입니다. 채아가 바이올린 연습을 시작한 시각과 끝낸 시각을 각각 써 보세요.

시작한 시각: ☐시 ☐분 전, 끝낸 시각: ☐시 ☐분 전

5 시각이 다른 하나를 찾아 ☐ 안에 기호를 써넣으세요.

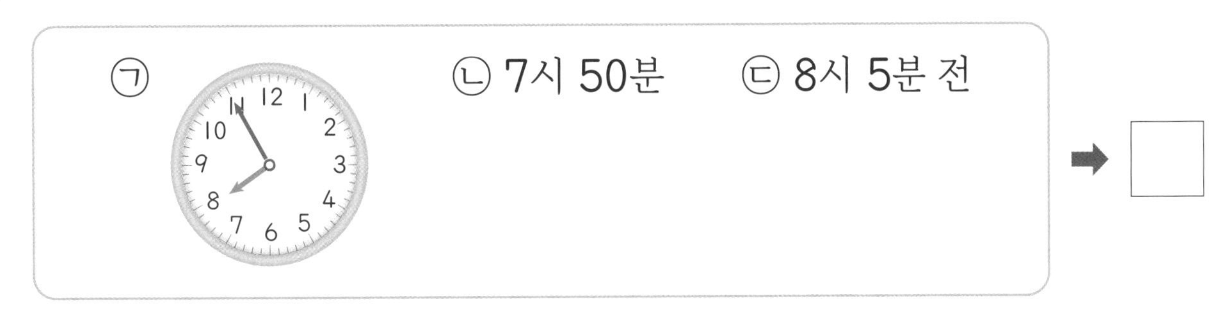

➡ ☐

6 시계를 보고 옳게 말한 친구를 모두 찾아 이름을 써 보세요.

(　　　　　　　　　　)

바른 답 27쪽

1 예솔이가 수영장에 간 시각을 시계에 나타내 보세요.

2 오늘 아침 학교에 소미는 8시 47분에 도착했고, 현석이는 9시 10분 전에 도착했습니다. 소미와 현석이 중에서 학교에 더 일찍 도착한 친구의 이름을 써 보세요.

( )

I시간을 알아볼까요

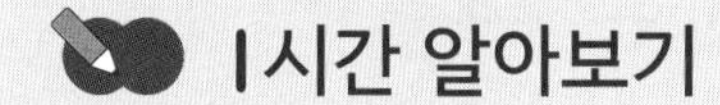

I시간 알아보기

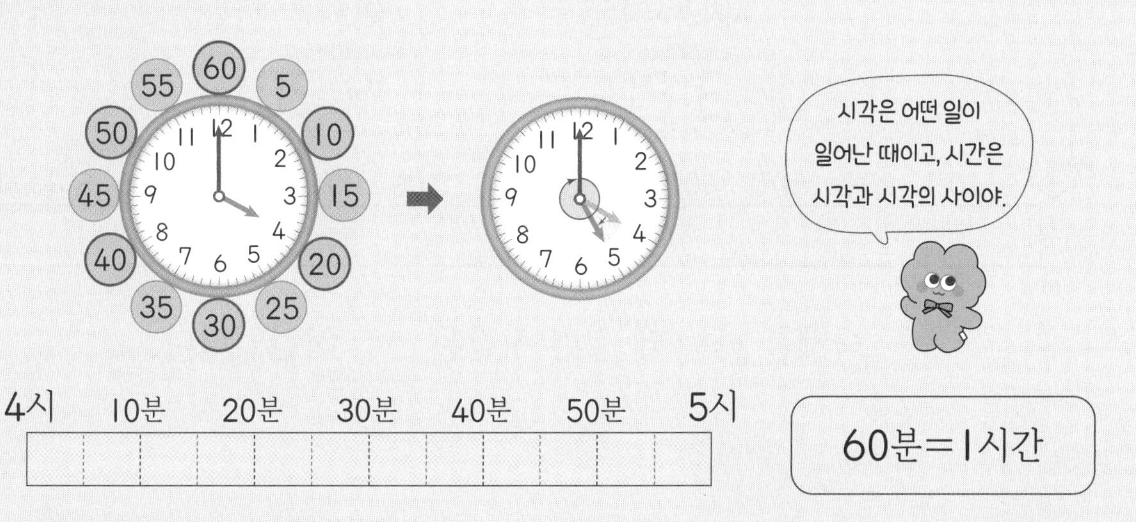

① 4시부터 5시까지 시계의 긴바늘이 I2에서 한 바퀴 도는 동안 짧은바늘은 4에서 5로 움직입니다.

② 시계의 긴바늘이 한 바퀴 도는 데 걸린 시간은 60분입니다.
➡ 60분은 I시간입니다.

개념 확인하기

1 □ 안에 알맞은 수를 써넣으세요.

(1) I시간=□분　　(2) 60분=□시간

2 공부를 하는 데 걸린 시간을 구하려고 합니다. □ 안에 알맞은 수를 써넣으세요.

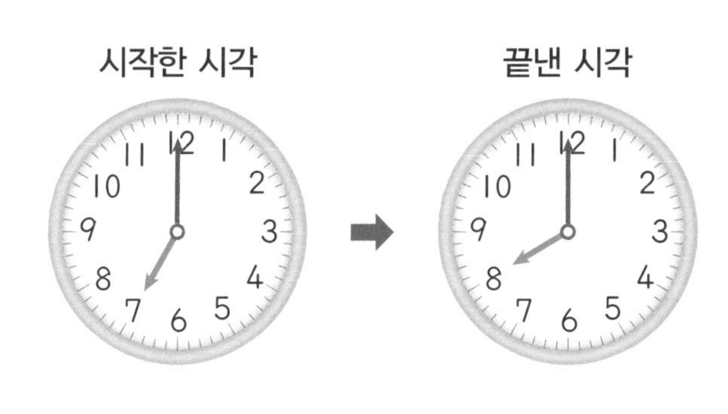

(1) 공부를 시작한 시각은 □시이고, 끝낸 시각은 □시입니다.

(2) 공부를 하는 데 걸린 시간은 □시간입니다.

1 숙제를 하는 데 걸린 시간을 시간 띠에 색칠하고, 구해 보세요.

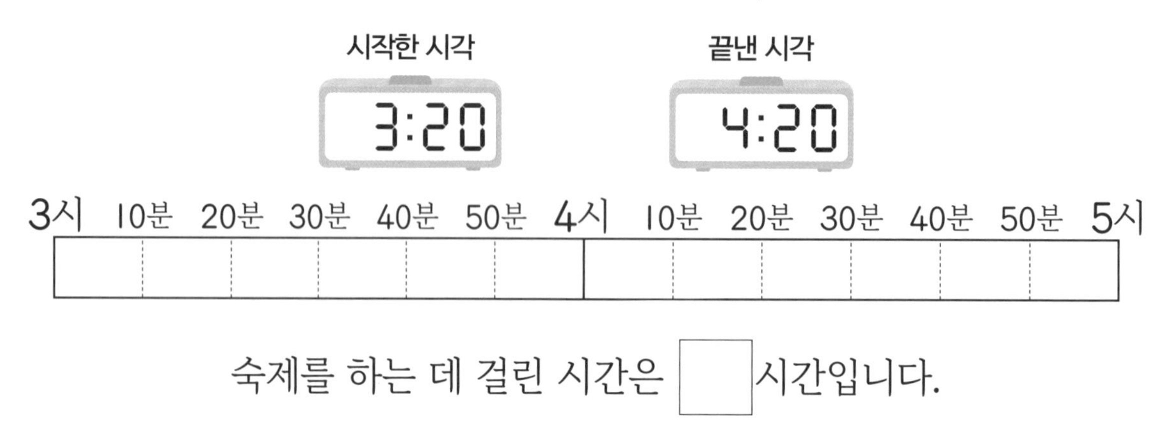

숙제를 하는 데 걸린 시간은 □ 시간입니다.

2 달리기 연습을 60분 동안 했습니다. 달리기 연습을 시작한 시각을 보고 끝낸 시각을 나타내 보세요.

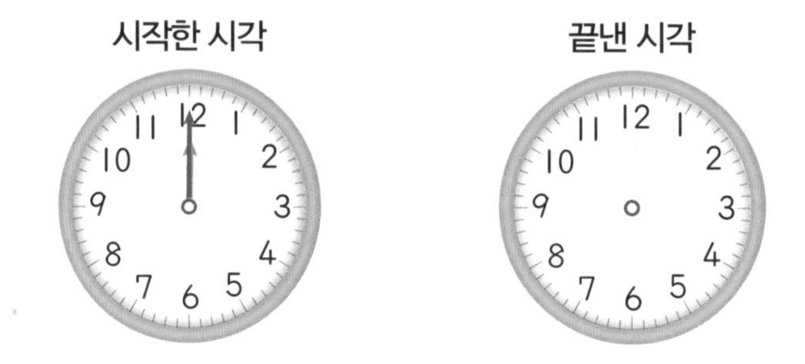

3 지은이가 그림 그리기를 1시간 동안 했습니다. 그림 그리기를 시작한 시각과 끝낸 시각에 맞게 긴바늘을 각각 그려 넣으세요.

4 승호가 아버지와 함께 1시간 동안 등산을 하기로 했습니다. 시계를 보고 등산을 몇 분 더 해야 하는지 구해 보세요.

(　　　　　　　　)

5 오른쪽은 찬민이가 축구를 시작한 시각을 나타낸 것입니다. 축구를 2시간 동안 했다면 축구를 끝낸 시각은 몇 시 몇 분인지 구해 보세요.

(　　　　　　　　)

6 시계가 멈춰서 현재 시각으로 맞추려고 합니다. 긴바늘을 몇 바퀴 돌리면 되는지 구해 보세요.

(　　　　　　　　)

바른 답 28쪽

1 성희는 30분씩 4가지 과목 공부를 했습니다. 공부를 하는 데 걸린 시간을 구하고, 공부를 끝낸 시각을 나타내 보세요.

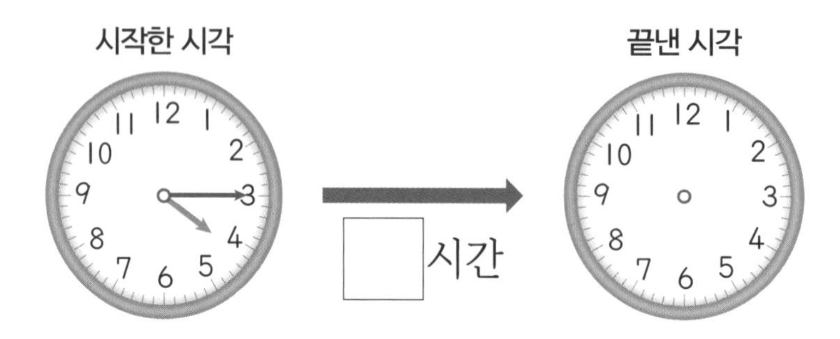

2 혜진이는 1시간 동안 산책을 하였습니다. 산책을 끝낸 시각이 6시 10분 전이라면 산책을 시작한 시각은 몇 시 몇 분인지 구해 보세요.

( )

걸린 시간을 알아볼까요

버스가 이동하는 데 걸린 시간 구하기

① 버스가 이동하는 데 걸린 시간을 시간 띠에 색칠하면 다음과 같습니다.

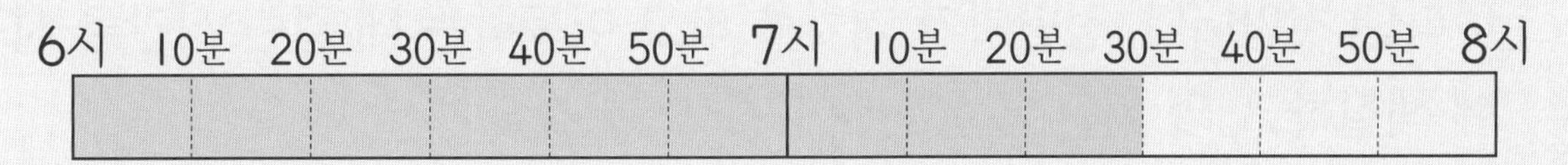

② 시간 띠에서 1칸은 10분을 나타내고, 9칸을 색칠했으므로 버스가 이동하는 데 걸린 시간은 90분=1시간 30분입니다.

1 체육관에 있었던 시간을 알아보세요.

체육관에 들어간 시각 9:00 → 체육관에서 나온 시각 10:10

(1) 체육관에 들어간 시각은 □시이고, 체육관에서 나온 시각은 □시 □분입니다.

(2) 체육관에 있었던 시간을 시간 띠에 색칠해 보세요.

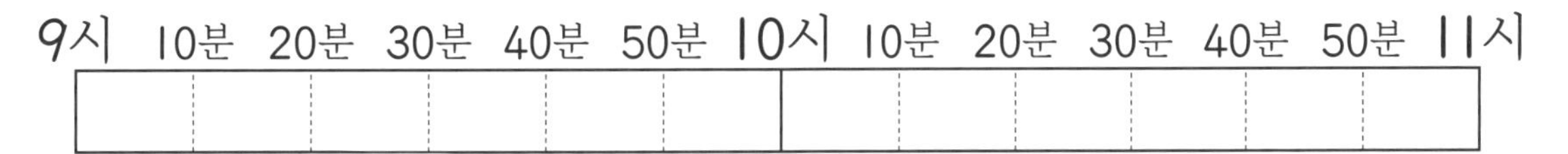

(3) 체육관에 있었던 시간은 □시간 □분입니다.

1 □ 안에 알맞은 수를 써넣으세요.

(1) 70분=1시간 □분

(2) 150분=2시간 □분

(3) 1시간 20분=□분

(4) 2시간 10분=□분

2 정민이가 기차를 타고 서울역을 출발한 시각과 동대구역에 도착한 시각을 나타낸 것입니다. 정민이가 기차를 타고 이동하는 데 걸린 시간을 시간 띠에 색칠하고, 몇 시간 몇 분인지 구해 보세요.

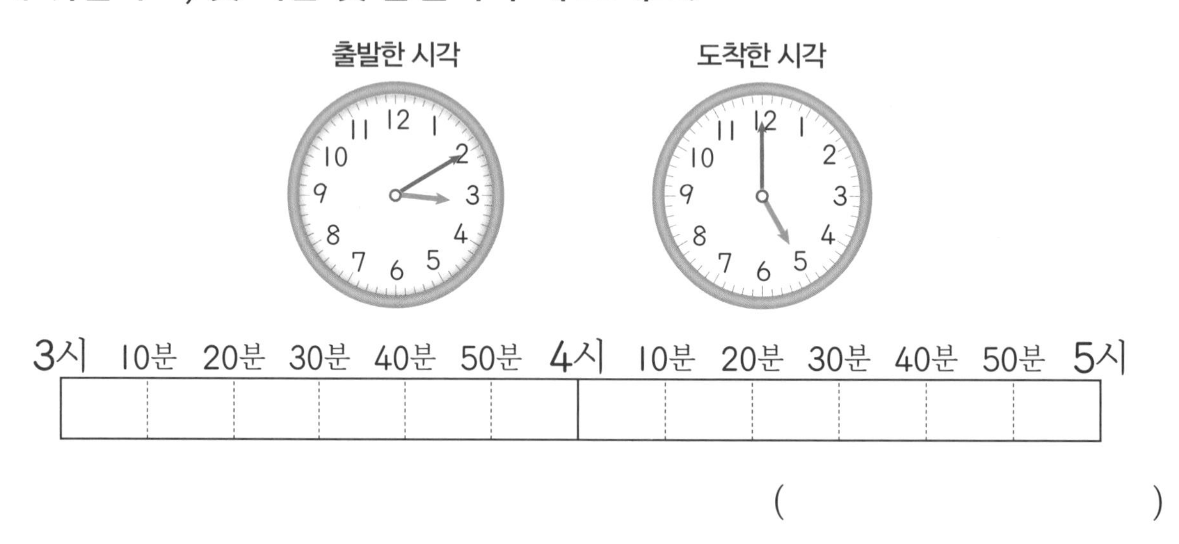

(　　　　　　　　)

3 명호와 단비의 대화를 읽고 두 친구 중 자전거를 더 오래 탄 친구의 이름을 써 보세요.

(　　　　　　　　)

바른 답 29쪽

4 성준이가 태권도 연습을 시작한 시각과 끝낸 시각을 나타낸 것입니다. 성준이가 태권도 연습을 한 시간은 몇 시간 몇 분인지 구해 보세요.

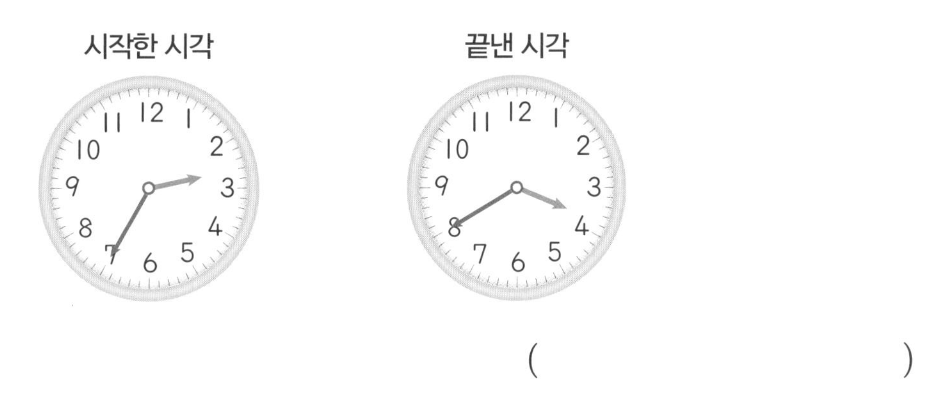

(　　　　　　　　　　)

5 희정이네 가족은 4시 10분에 대청소를 시작하여 1시간 40분 동안 하였습니다. 희정이네 가족이 대청소를 끝낸 시각은 몇 시 몇 분인지 구해 보세요.

(　　　　　　　　　　)

6 은선이와 주호가 박물관 관람을 시작한 시각과 끝낸 시각을 나타낸 것입니다. 박물관 관람을 더 짧게 한 친구의 이름을 써 보세요.

(　　　　　　　　　　)

바른 답 29쪽

1 현민이는 2시간 10분 동안 영화를 봤습니다. 영화가 시작된 시각은 몇 시 몇 분인지 구해 보세요.

영화가 끝난 시각

( )

2 두 친구의 대화를 읽고 축구 경기 전반전이 7시에 시작됐다면 축구 경기 후반전이 끝나는 시각은 몇 시 몇 분인지 구해 보세요.

( )

하루의 시간을 알아볼까요

하루의 시간 알아보기

① 짧은바늘이 시계를 한 바퀴 도는 데 걸리는 시간은 12시간이고, 짧은바늘은 하루에 시계를 2바퀴 돕니다.
② 하루는 24시간입니다. ➡ 1일=24시간

오전과 오후 알아보기

① 전날 밤 12시부터 낮 12시까지를 오전이라고 합니다.
② 낮 12시부터 밤 12시까지를 오후라고 합니다.

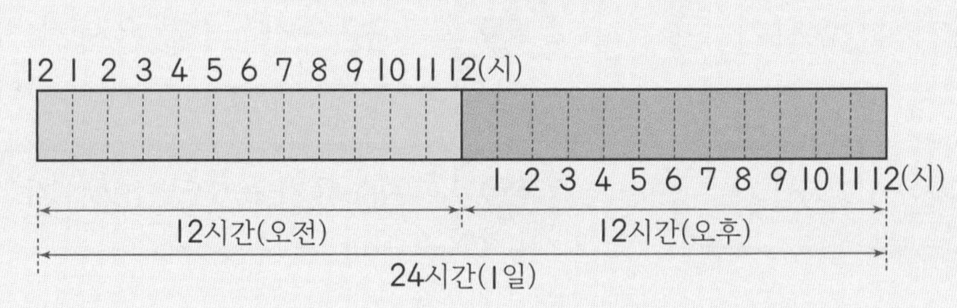

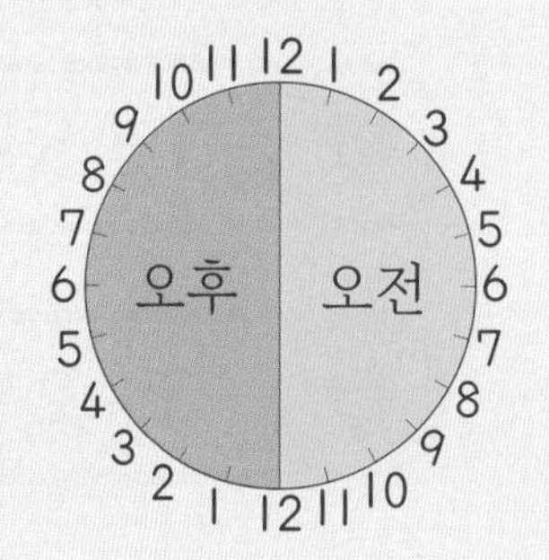

개념 확인하기

1 □ 안에 알맞은 수나 말을 써넣으세요.

(1) 하루는 □ 시간입니다.

(2) 전날 밤 12시부터 낮 12시까지를 □ (이)라고 합니다.

(3) 낮 12시부터 밤 12시까지를 □ (이)라고 합니다.

2 □ 안에 알맞은 수를 써넣으세요.

(1) 1일= □ 시간

(2) 30시간= □ 일 □ 시간

(3) 2일 2시간= □ 시간

(4) 48시간= □ 일

1 □ 안에 오전과 오후를 알맞게 써넣으세요.

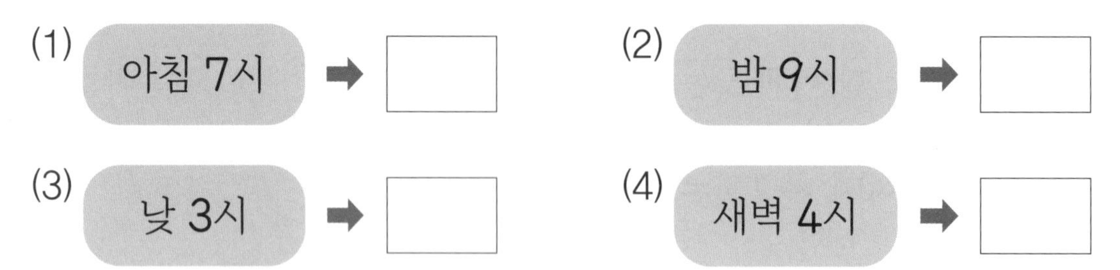

2 잘못된 것을 찾아 색칠해 보세요.

3 민철이가 놀이공원에 들어간 시각과 나온 시각을 나타낸 것입니다. 민철이가 놀이공원에 있었던 시간을 시간 띠에 색칠하고, 구해 보세요.

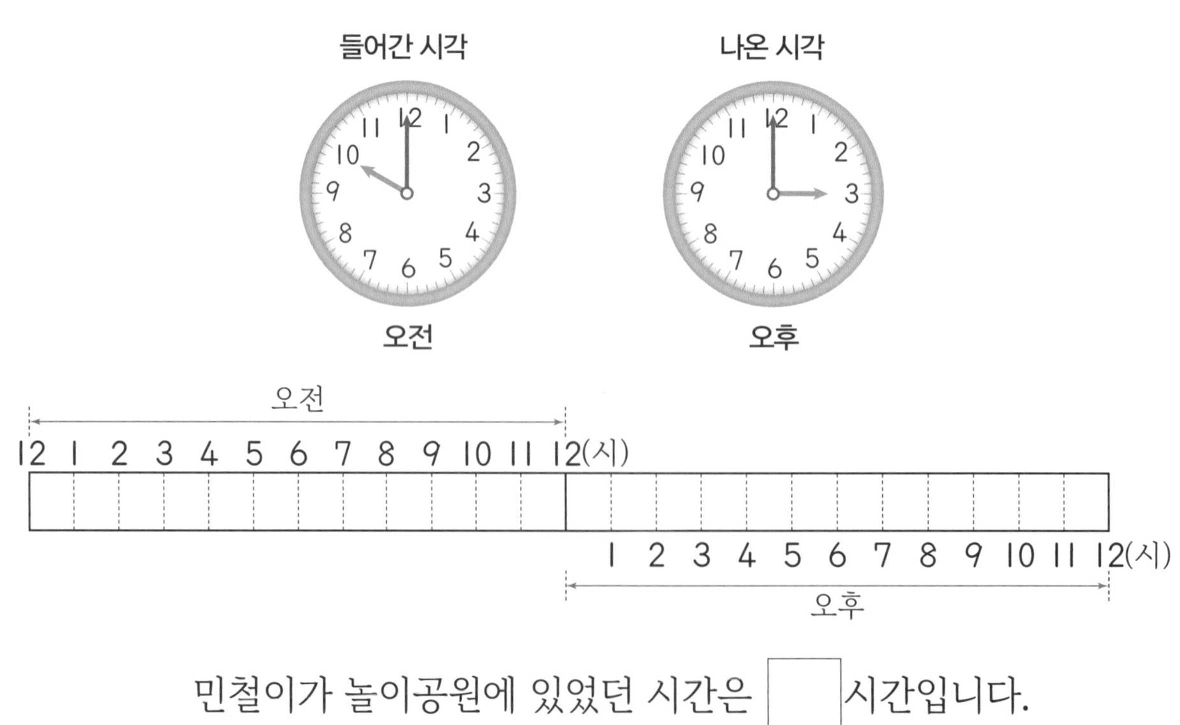

민철이가 놀이공원에 있었던 시간은 □시간입니다.

4~5 태희네 가족의 1박 2일 여행 일정표를 보고 물음에 답해 보세요.

첫째 날

시간	일정
8 : 00~10 : 00	제주도로 이동
10 : 00~12 : 00	박물관 견학하기
12 : 00~1 : 00	점심 식사
1 : 00~2 : 30	수영하기
⋮	⋮

둘째 날

시간	일정
8 : 00~9 : 00	아침 식사
9 : 00~12 : 00	귤 따기 체험하기
12 : 00~1 : 00	점심 식사
⋮	⋮
6 : 00~8 : 00	집으로 이동

4 태희네 가족의 여행에 대해 바르게 말한 친구를 찾아 이름을 써 보세요.

시혁: 첫째 날 오전에 수영을 했어.
다희: 둘째 날 오전에 귤 따기 체험을 2시간 동안 했어.
재정: 둘째 날 오후에 집으로 이동하는 데 걸린 시간은 2시간이야.

( )

5 태희네 가족은 아침 8시에 출발해서 다음 날 저녁 8시에 집으로 돌아왔습니다. 태희네 가족이 여행을 다녀오는 데 걸린 시간은 몇 시간인지 구해 보세요.

( )

바른 답 30쪽

1 명원이네 집 수도가 고장나서 수도 공사를 하였습니다. 수도 공사를 시작한 시각과 끝낸 시각을 보고 수도 공사를 하는 데 걸린 시간은 몇 시간 몇 분인지 구해 보세요.

(　　　　　　　　　　)

2 나리가 현장 학습을 다녀왔습니다. 학교에서 오전 10시에 출발하여 시계의 긴바늘이 7바퀴 돌았을 때 학교에 도착했습니다. 학교에 도착한 시각은 오후 몇 시인지 구해 보세요.

(　　　　　　　　　　)

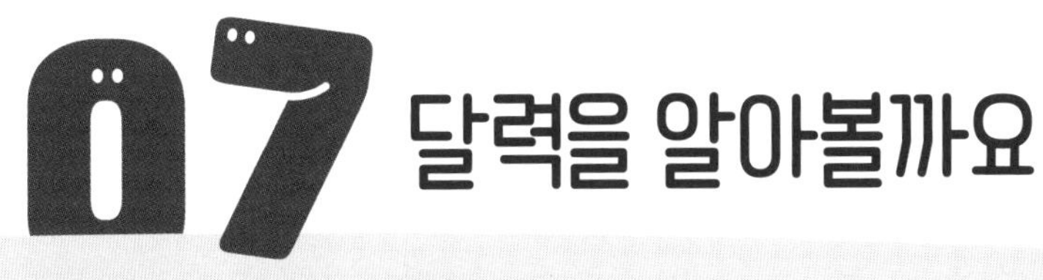

달력을 알아볼까요

1주일 알아보기

4월

일	월	화	수	목	금	토
			1	2	3	4
5	6	7	8	9	10	11
12	13	14	15	16	17	18
19	20	21	22	23	24	25
26	27	28	29	30		

① 달력에서 요일은 일요일, 월요일, 화요일, 수요일, 목요일, 금요일, 토요일이 있습니다.
② 같은 요일이 7일마다 반복됩니다.
➡ 금요일: 3일, 10일, 17일, 24일
③ 1주일은 7일입니다.
➡ 1주일=7일

1년 알아보기

월	1	2	3	4	5	6	7	8	9	10	11	12
날수(일)	31	28 (29)	31	30	31	30	31	31	30	31	30	31

→ 2월은 4년에 한 번씩 29일까지 있어요.

① 1년은 1월부터 12월까지 있습니다.
② 1년은 12개월입니다. ➡ 1년=12개월

1 어느 해의 8월 달력을 보고 □ 안에 알맞은 수나 말을 써넣으세요.

8월

일	월	화	수	목	금	토
	1	2	3	4	5	6
7	8	9	10	11	12	13
14	15	16	17	18	19	20
21	22	23	24	25	26	27
28	29	30	31			

(1) 수요일은 모두 □번 있습니다.

(2) 8월 15일 광복절은 □요일입니다.

(3) 토요일은 6일, □일, □일, □일입니다.

1~3 시연이는 6월 달력에 자신의 생일을 ☆로 표시하였습니다. 물음에 답해 보세요.

6월

일	월	화	수	목	금	토
				1	2	3
4	5	6	7	8	9	10
11	12	13	☆14	15	16	17
18	19	20	21	22	23	24
25	26	27	28	29	30	

1 6월 6일 현충일은 무슨 요일인지 써 보세요.

( )

2 시연이의 생일은 며칠이고, 무슨 요일인지 차례대로 써 보세요.

( ), ( )

3 주호의 생일은 며칠이고, 무슨 요일인지 차례대로 써 보세요.

( ), ( )

4 날수가 같은 달끼리 짝 지은 것을 모두 찾아 색칠해 보세요.

5 어느 해 9월 달력의 일부분을 보고 금요일인 날짜를 모두 써 보세요.

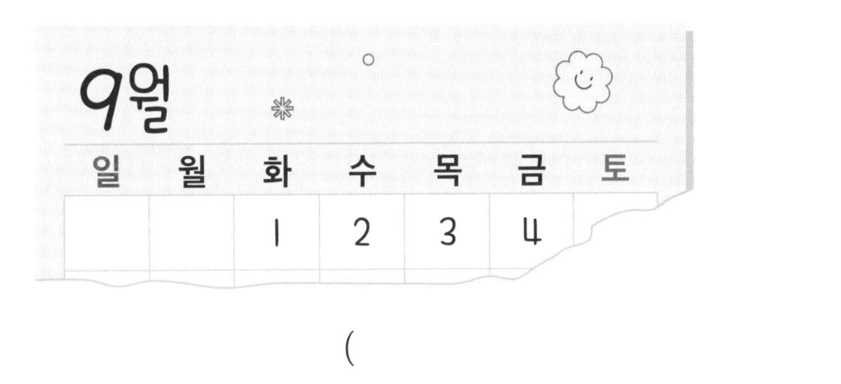

( )

6 어린이 공연을 하는 기간은 며칠인지 구해 보세요.

( )

바른 답 31쪽

1 한별이의 생일과 어머니의 생일이 매년 같은 요일인 이유를 써 보세요.

- 한별이의 생일은 3월 12일입니다.
- 어머니의 생일은 한별이의 생일보다 7일이 늦습니다.

이유 ______________________________

____

2 어느 해 12월 달력의 일부분입니다. 12월의 마지막 날은 무슨 요일인지 써 보세요.

(　　　　　　　)

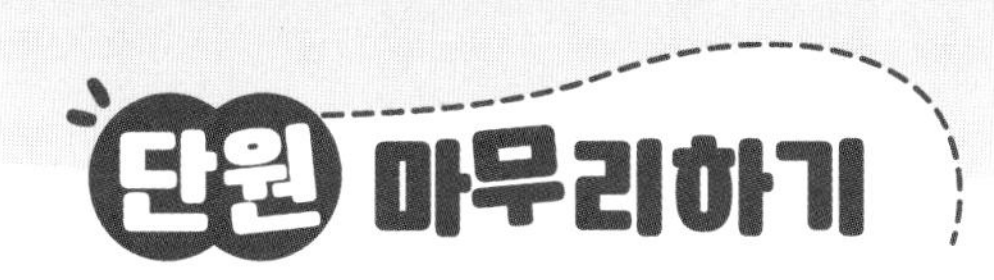

1 왼쪽 시계를 보고 □ 안에 알맞은 수를 써넣으세요.

시계의 짧은바늘은 12와 1 사이를 가리키고, 긴바늘은 3에서 작은 눈금으로 □칸 더 간 곳을 가리킵니다. ➡ 12시 □분

2 두 시계는 같은 시각을 나타냅니다. 시각에 맞게 긴바늘을 그려 넣으세요.

3 시각에 맞게 긴바늘을 그려 넣으세요.

2시 10분 전

4 장훈이가 눈썰매장에 있었던 시간을 나타낸 것입니다. 장훈이가 눈썰매장에 있었던 시간은 몇 시간인지 구해 보세요.

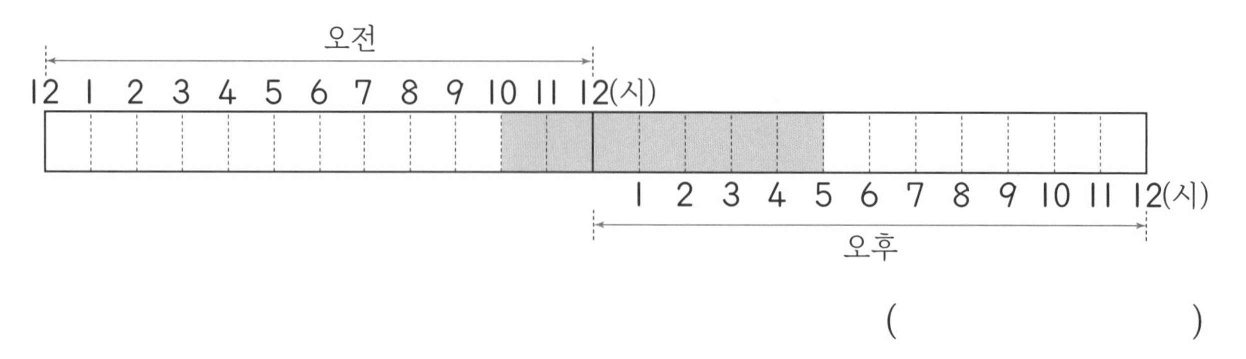

(　　　　　　　　)

5 더 긴 시간에 ○표 하세요.

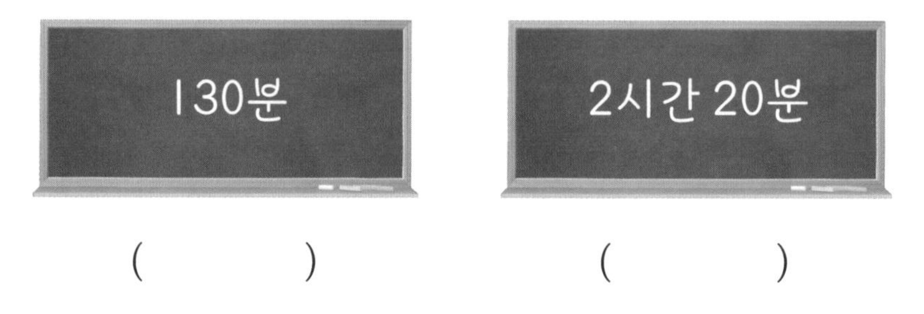

(　　　)　　　(　　　)

6 보민이가 봉사활동을 시작한 시각을 나타낸 것입니다. 봉사활동을 3시간 동안 했다면 봉사활동을 끝낸 시각은 몇 시 몇 분인지 구해 보세요.

(　　　　　　　　)

7 왼쪽 시각에서 1시간 30분이 지났을 때의 시각을 나타내 보세요.

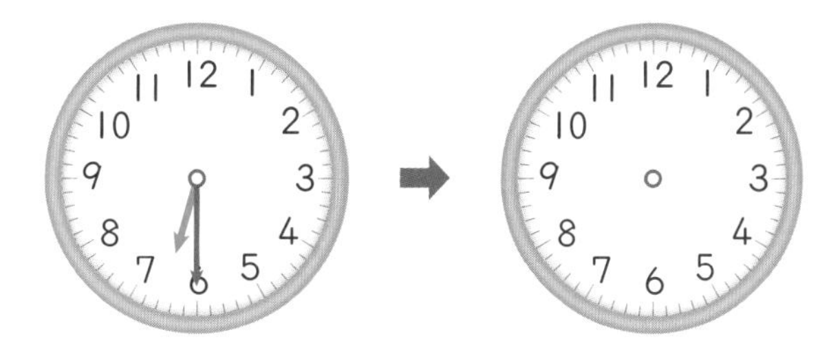

8 현재 시각은 오전 7시 40분입니다. 시계의 긴바늘이 6바퀴 돌았을 때의 시각은 오후 몇 시 몇 분인지 구해 보세요.

(　　　　　　　　　　)

9 어느 해 7월 달력의 일부분입니다. 희재는 매주 화요일과 금요일에 자전거를 탑니다. 희재가 7월에 자전거를 타는 날은 모두 며칠인지 구해 보세요.

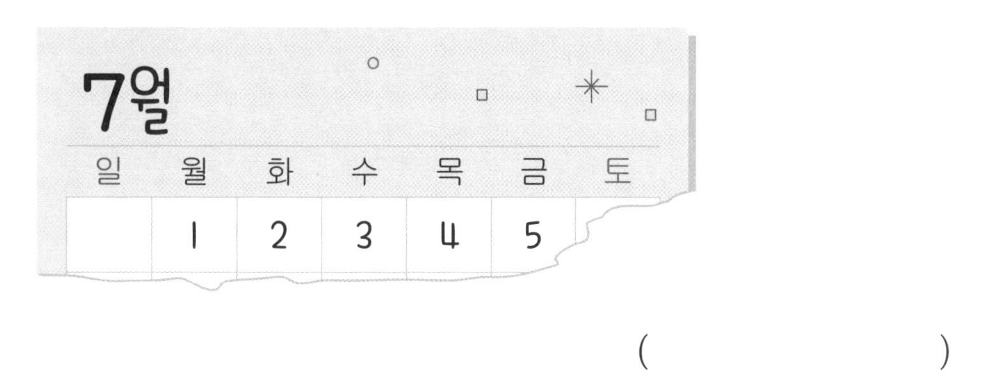

(　　　　　　　　　　)

빠른 개념 찾기
틀린 문제는 개념을 다시 확인해 보세요.

개념	문제 번호
01 몇 시 몇 분을 읽어 볼까요(1)	2
02 몇 시 몇 분을 읽어 볼까요(2)	1
03 여러 가지 방법으로 시각을 읽어 볼까요	3
04 1시간을 알아볼까요	6
05 걸린 시간을 알아볼까요	5, 7
06 하루의 시간을 알아볼까요	4, 8
07 달력을 알아볼까요	9

5 표와 그래프

개념	공부 계획
01 자료를 분류하여 표로 나타내 볼까요	월　　일
02 자료를 조사하여 표로 나타내 볼까요	월　　일
03 자료를 분류하여 그래프로 나타내 볼까요	월　　일
04 표와 그래프를 보고 무엇을 알 수 있을까요	월　　일
05 표와 그래프로 나타내 볼까요	월　　일
단원 마무리하기	월　　일

자료를 분류하여 표로 나타내 볼까요

자료를 분류하여 표로 나타내기

정우네 모둠 학생들이 좋아하는 운동

① 자료를 분류하여 정리합니다.

축구	정우, 은미, 지성	야구	효주, 희찬	농구	성준, 윤구, 수진, 단비

② 정리한 내용을 표로 나타냅니다.

정우네 모둠 학생들이 좋아하는 운동별 학생 수

운동	축구	야구	농구	합계
학생 수(명)	3	2	4	9

자료 전체의 수와 표의 합계가 같은지 확인해 봐.

1 서아네 모둠 학생들이 좋아하는 과일을 조사하였습니다. 물음에 답해 보세요.

서아네 모둠 학생들이 좋아하는 과일

(1) 자료를 보고 참외와 감을 좋아하는 학생의 이름을 각각 써넣으세요.

사과	서아, 지우, 윤서, 지호	참외		감	

(2) (1)의 내용을 보고 표로 나타내 보세요.

서아네 모둠 학생들이 좋아하는 과일별 학생 수

과일	사과	참외	감	합계
학생 수(명)	4			

1~3 광수네 반 학생들이 좋아하는 동물을 알아보세요.

광수네 반 학생들이 좋아하는 동물

광수	세윤	아름	준하	명희	동민	유리
민정	영주	주호	수영	윤기	준형	태수
윤하	소민	균상	민재	나연	유진	예희

강아지 고양이 곰 호랑이

1 태수가 좋아하는 동물을 써 보세요.

( )

2 고양이를 좋아하는 학생은 모두 몇 명인지 구해 보세요.

( )

3 자료를 보고 표로 나타내 보세요.

광수네 반 학생들이 좋아하는 동물별 학생 수

동물	강아지	고양이	곰	호랑이	합계
학생 수(명)					

4 여러 조각으로 모양을 만들었습니다. 사용한 조각 수를 표로 나타내 보세요.

사용한 조각 수

조각					합계
조각 수(개)					

5 신애가 7월 한 달 동안 아침을 먹은 날을 달력에 표시하였습니다. 아침을 먹은 날수를 표로 나타내 보세요.

7월

일	월	화	수	목	금	토
		1 ✓	2 ✓	3 ✓	4	5 ✓
6	7 ✓	8 ✓	9	10 ✓	11 ✓	12 ✓
13 ✓	14	15 ✓	16	17 ✓	18 ✓	19 ✓
20	21 ✓	22	23 ✓	24 ✓	25	26 ✓
27	28 ✓	29 ✓	30	31		

✓: 아침을 먹은 날

요일별 아침을 먹은 날수

요일	일	월	화	수	목	금	토	합계
날수(일)								

바른 답 33쪽

1~2 가위바위보를 하여 이겼을 때는 ○표, 졌을 때는 ×표로 나타낸 것입니다. 물음에 답해 보세요. (단, 비긴 경우는 없습니다.)

가위바위보의 결과

이름 \ 횟수(회)	1	2	3	4	5	6	7	8	9	10
정민	○	×	○	○	×	○	×	○	×	○
지현	○	×	×	×	○	○	×	×	○	×
동석	×	○	○	○	○	×	○	×	○	○

1 가위바위보를 이긴 횟수를 표로 나타내 보세요.

가위바위보를 이긴 횟수

이름	정민	지현	동석	합계
횟수(번)				

2 진 횟수가 이긴 횟수보다 많은 친구를 찾아 이름을 써 보세요.

(　　　　　　　　)

자료를 조사하여 표로 나타내 볼까요

자료를 조사하는 방법 알아보기

① 손을 들어 그 수를 세기: 나올 수 있는 종류가 정해져 있을 때 사용하면 좋습니다.
② 종이에 적어 모으기: 나올 수 있는 종류가 정해져 있지 않을 때 사용하면 좋습니다.

자료를 조사하여 표로 나타내기

① 무엇을 조사할지 정합니다.
➡ 동호네 반 학생들의 혈액형
② 조사할 방법을 정합니다.
➡ 동호네 반 학생들의 혈액형별 학생 수를 손을 들어 셉니다.
③ 자료를 조사합니다.

동호네 반 학생들의 혈액형

A형: 𝍸 B형: 𝍸 / O형: 𝍸 // AB형: ////

④ 표로 나타냅니다.

동호네 반 학생들의 혈액형별 학생 수

혈액형	A형	B형	O형	AB형	합계
학생 수(명)	5	6	7	4	22

1 주미네 모둠 학생들이 좋아하는 꽃을 조사하여 표로 나타내려고 합니다. 물음에 답해 보세요.

(1) 좋아하는 꽃을 조사할 때 더 적절한 방법인 것에 색칠해 보세요.

손을 들어 그 수를 세기 　 종이에 적어 모으기

(2) 좋아하는 꽃을 조사한 자료를 보고 표로 나타내 보세요.

주미네 모둠 학생들이 좋아하는 꽃

장미	백합	튤립	튤립	장미	백합	튤립	장미	튤립

주미네 모둠 학생들이 좋아하는 꽃별 학생 수

꽃	장미	백합	튤립	합계
학생 수(명)	3			

1 자료를 조사하여 표로 나타내려고 합니다. 차례대로 기호를 써 보세요.

㉠ 표로 나타내기	㉡ 무엇을 조사할지 정하기
㉢ 조사할 방법을 정하기	㉣ 자료를 조사하기

2~3 혜진이네 반 학생들이 등교하는 방법을 종이에 적어 칠판에 붙인 것입니다. 물음에 답해 보세요.

혜진이네 반 학생들이 등교하는 방법

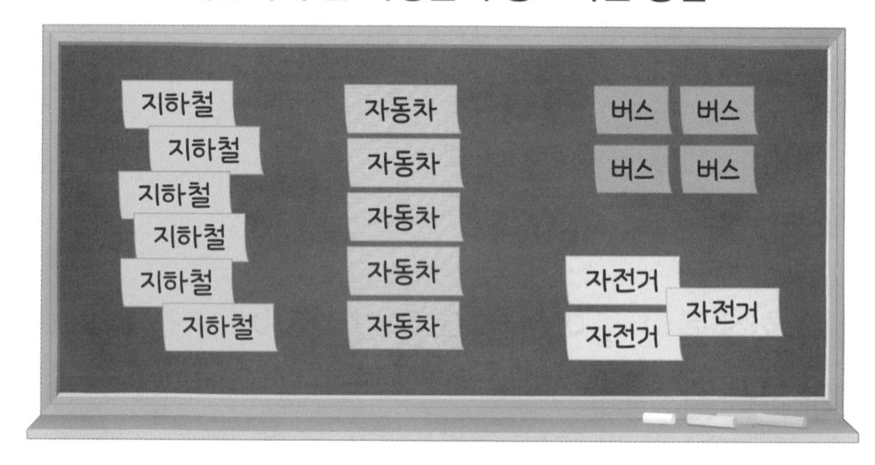

2 혜진이네 반 학생들이 등교하는 방법은 모두 몇 가지인지 구해 보세요.

( )

3 자료를 보고 표로 나타내 보세요.

혜진이네 반 학생들이 등교하는 방법별 학생 수

방법	지하철	자동차	버스	자전거	합계
학생 수(명)					

4 주사위를 굴려서 나온 눈이 다음과 같습니다. 나온 눈의 횟수를 표로 나타내 보세요.

주사위를 굴려서 나온 눈

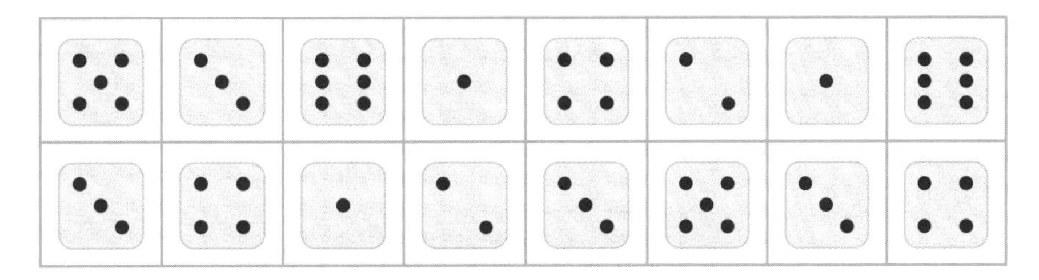

주사위를 굴려서 나온 눈의 횟수

눈	⚀	⚁	⚂	⚃	⚄	⚅	합계
횟수(번)							

5 수현이의 학용품을 펼쳐 놓은 것입니다. 학용품 수를 표로 나타내 보세요.

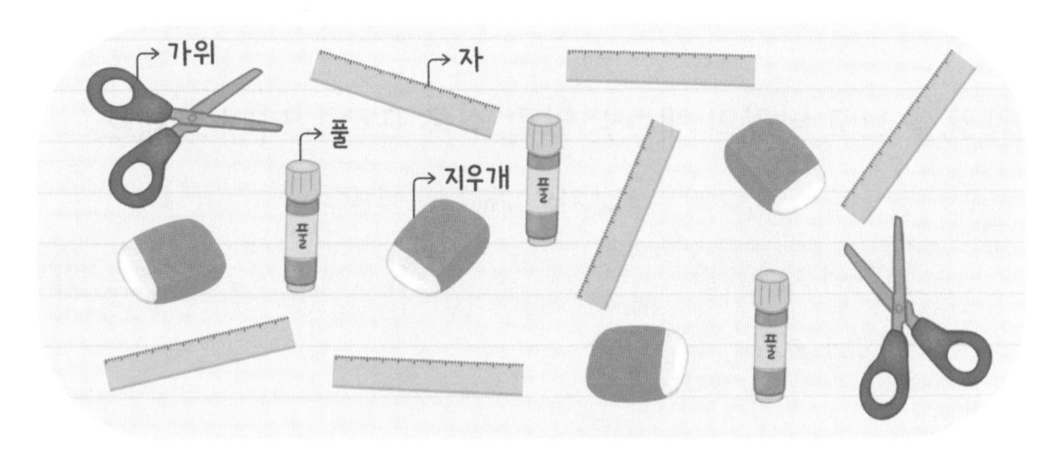

펼쳐 놓은 학용품 수

학용품	가위	지우개	자	풀	합계
학용품 수(개)					

♥ 바른 답 34쪽

1~2 낱말에 있는 낱자의 개수를 세어 표로 나타내려고 합니다. 물음에 답해 보세요.

1 성현이의 말을 읽고 낱말에 있는 낱자의 개수를 세어 표로 나타내 보세요.

낱말에 있는 낱자의 개수

낱말	낱자의 개수(개)	낱말	낱자의 개수(개)
가방	5	공책	
창문		바다	

2 **1**의 표를 보고 낱자의 개수별 낱말 수를 표로 나타내 보세요.

낱자의 개수별 낱말 수

낱자의 개수(개)	4	5	6	합계
낱말 수(개)				

자료를 분류하여 그래프로 나타내 볼까요

표를 보고 그래프로 나타내기

① 가로와 세로에 무엇을 나타낼지 정합니다.
② 가로와 세로를 각각 몇 칸으로 할지 정합니다.
③ 그래프에 ○, ×, / 중 하나를 선택해 나타냅니다.
④ 그래프의 제목을 씁니다.

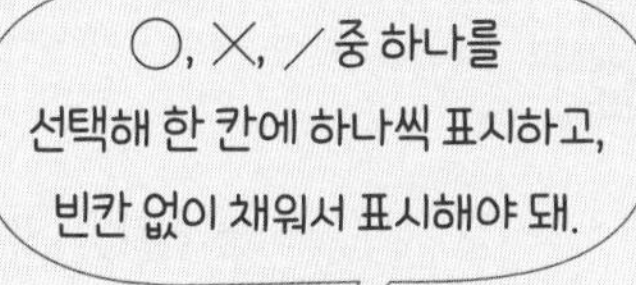

좋아하는 색깔별 학생 수

색깔	파랑	빨강	초록	분홍	합계
학생 수(명)	3	5	6	4	18

➡

좋아하는 색깔별 학생 수

6			○	
5		○	○	
4		○	○	○
3	○	○	○	○
2	○	○	○	○
1	○	○	○	○
학생 수(명) / 색깔	파랑	빨강	초록	분홍

1 수정이네 모둠 학생들이 배우는 악기를 조사하여 표로 나타냈습니다. 물음에 답해 보세요.

학생들이 배우는 악기별 학생 수

악기	기타	피아노	첼로	플루트	합계
학생 수(명)	3	2	1	2	8

(1) 표를 보고 그래프로 나타낼 때 알맞은 말에 ○표 하세요.

가로에 악기를 나타내면 세로에는 (합계 , 학생 수)를 나타냅니다.

(2) 표를 보고 ○를 이용하여 그래프로 나타내 보세요.

학생들이 배우는 악기별 학생 수

3	○			
2	○			
1	○			
학생 수(명) / 악기	기타	피아노	첼로	플루트

1~2 종혁이네 반 학생들이 좋아하는 곤충을 조사하였습니다. 물음에 답해 보세요.

종혁이네 반 학생들이 좋아하는 곤충

종혁	민주	진우	채은	성민	예린	정우	가연
도연	지윤	승현	민지	지호	은서	민성	수민
서준	예은	현민	수빈	우현	서현	민준	하윤

나비
무당벌레
잠자리
사슴벌레

1 자료를 보고 표로 나타내 보세요.

종혁이네 반 학생들이 좋아하는 곤충별 학생 수

곤충	나비	무당벌레	잠자리	사슴벌레	합계
학생 수(명)					

2 1의 표를 보고 ○를 이용하여 그래프로 나타내 보세요.

종혁이네 반 학생들이 좋아하는 곤충별 학생 수

7				
6				
5				
4				
3				
2				
1				
학생 수(명) / 곤충	나비	무당벌레	잠자리	사슴벌레

바른 답 35쪽

3~5 누리네 반 학생들이 가고 싶은 산을 조사하여 표로 나타냈습니다. 물음에 답해 보세요.

가고 싶은 산별 학생 수

산	한라산	지리산	백두산	설악산	태백산	합계
학생 수(명)	4	7		6	2	22

3 백두산에 가고 싶은 학생은 몇 명인지 구해 보세요.

( )

4 표를 보고 ╱를 이용하여 그래프로 나타내 보세요.

가고 싶은 산별 학생 수

태백산							
설악산							
백두산							
지리산							
한라산							
산 / 학생 수(명)	1	2	3	4	5	6	7

5 **4**의 그래프를 보고 5명보다 많은 학생들이 가고 싶은 산을 모두 써 보세요.

( )

바른 답 35쪽

1 왼쪽 표는 재훈이네 학교 축구 경기에서 반별 승리 횟수를 조사하여 나타낸 표입니다. 표를 보고 그래프로 나타내려고 할 때 오른쪽 그래프를 완성할 수 없는 이유를 써 보세요.

반별 승리 횟수

반	1	2	3	합계
승리 횟수(번)	3	2	5	10

반별 승리 횟수

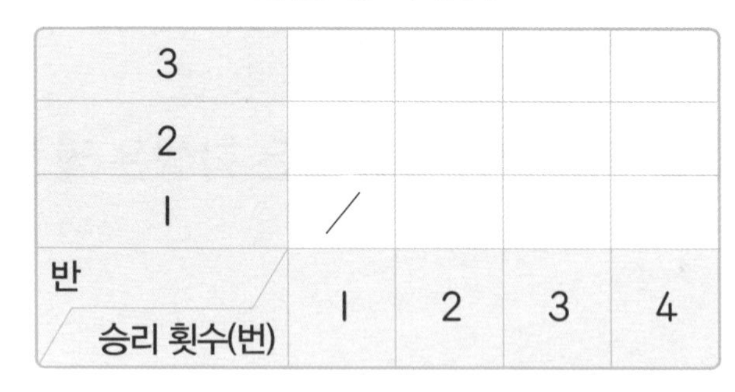

3				
2				
1	/			
반 / 승리 횟수(번)	1	2	3	4

이유 ______________________________

____

2 현정이네 반 학생들이 하고 싶은 장기 자랑을 조사하여 그래프로 나타냈습니다. 조사한 학생이 20명일 때 그래프를 완성해 보세요.

하고 싶은 장기 자랑별 학생 수

마술	×	×	×	×	×	×	
악기 연주	×	×	×				
노래							
춤	×	×	×	×	×	×	×
장기 자랑 / 학생 수(명)	1	2	3	4	5	6	7

표와 그래프를 보고 무엇을 알 수 있을까요

표의 내용 알아보기

좋아하는 채소별 학생 수

채소	당근	오이	호박	가지	합계
학생 수(명)	6	5	3	4	18

① 오이를 좋아하는 학생은 5명입니다.
② 가지를 좋아하는 학생은 4명입니다.
③ 조사한 학생은 18명입니다.

그래프의 내용 알아보기

좋아하는 채소별 학생 수

6	○			
5	○	○		
4	○	○		○
3	○	○	○	○
2	○	○	○	○
1	○	○	○	○
학생 수(명) / 채소	당근	오이	호박	가지

→○가 가장 많음.
→○가 가장 적음.

① 가장 많은 학생들이 좋아하는 채소는 당근입니다.
② 가장 적은 학생들이 좋아하는 채소는 호박입니다.

개념 확인하기

1 승현이네 반 학생들이 태어난 계절을 조사하여 표와 그래프로 나타냈습니다. □ 안에 알맞은 수나 말을 써넣으세요.

승현이네 반 학생들이 태어난 계절별 학생 수

계절	봄	여름	가을	겨울	합계
학생 수(명)	5	7	4	3	19

➡ 봄에 태어난 학생은 □명, 가을에 태어난 학생은 □명입니다.

승현이네 반 학생들이 태어난 계절별 학생 수

겨울	/	/	/				
가을	/	/	/	/			
여름	/	/	/	/	/	/	/
봄	/	/	/	/	/		
계절 / 학생 수(명)	1	2	3	4	5	6	7

➡ 가장 많은 학생들이 태어난 계절은 □입니다.

1~3 진경이가 가지고 있는 블록을 조사하여 표로 나타냈습니다. 물음에 답해 보세요.

진경이가 가지고 있는 모양별 블록 수

모양	별	삼각형	사각형	원	합계
블록 수(개)	4	7	6	3	

1 진경이가 가지고 있는 사각형 모양 블록은 몇 개인지 써 보세요.

( )

2 진경이가 가지고 있는 블록은 모두 몇 개인지 구해 보세요.

( )

3 진경이가 가지고 있는 블록 중에서 가장 적은 모양은 어떤 모양인지 써 보세요.

( )

바른 답 36쪽

4~6 강준이네 모둠 학생들이 먹은 젤리 수를 조사하여 그래프로 나타냈습니다. 물음에 답해 보세요.

강준이네 모둠 학생들이 먹은 젤리 수

6		○			
5	○	○			
4	○	○		○	
3	○	○		○	○
2	○	○	○	○	○
1	○	○	○	○	○
젤리 수(개) / 이름	강준	민아	준열	예은	동수

4 젤리를 가장 많이 먹은 학생의 이름을 써 보세요.

( )

5 젤리를 4개보다 적게 먹은 학생들을 모두 찾아 이름을 써 보세요.

( )

6 강준이는 예은이보다 젤리를 몇 개 더 많이 먹었는지 구해 보세요.

( )

바른 답 36쪽

1 정은이가 가지고 있는 옷의 색깔을 조사하여 표로 나타냈습니다. 정은이가 가지고 있는 옷 중에서 가장 많은 색깔을 써 보세요.

정은이가 가지고 있는 색깔별 옷의 수

색깔	검은색	흰색	파란색	분홍색	합계
옷의 수(벌)	4	8	6		25

(　　　　　　　　)

2 주사위를 던져서 나온 눈의 수를 조사하여 그래프로 나타냈습니다. 그래프에 대해 잘못 설명한 친구를 찾아 이름을 써 보세요.

나온 눈의 수별 횟수

5			○			
4			○	○		
3	○	○	○	○		
2	○	○	○	○		○
1	○	○	○	○	○	○
횟수(번) / 눈의 수	1	2	3	4	5	6

가장 많이 나온 주사위 눈의 수는 3이야.

눈의 수가 1과 5인 횟수는 모두 4번이야.

주사위는 모두 16번 던졌어.

민혁

지나

재중

(　　　　　　　　)

표와 그래프로 나타내 볼까요

조사한 자료를 표와 그래프로 나타내기

① 조사 계획을 세워 조사하기
준기네 반 학생들이 가 보고 싶은 나라를 조사하였습니다.

가 보고 싶은 나라

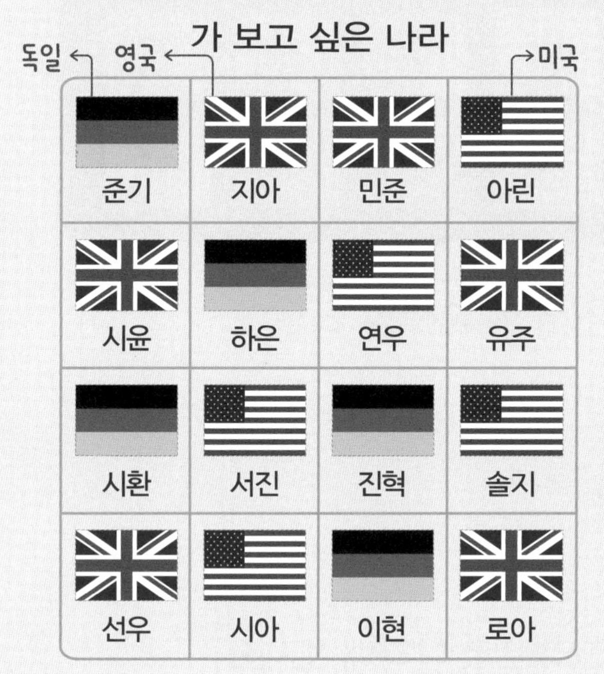

② 조사한 자료를 표와 그래프로 나타내기

가 보고 싶은 나라별 학생 수

나라	독일	영국	미국	합계
학생 수(명)	5	6	5	16

가 보고 싶은 나라별 학생 수

6		○	
5	○	○	○
4	○	○	○
3	○	○	○
2	○	○	○
1	○	○	○
학생 수(명) / 나라	독일	영국	미국

1 윤아와 친구들이 마신 음료수를 보고 표와 그래프로 각각 나타내 보세요.

마신 음료수

마신 음료수별 학생 수

음료수	우유	콜라	주스	합계
학생 수(명)	2			

마신 음료수별 학생 수

주스					
콜라					
우유	/	/			
음료수 / 학생 수(명)	1	2	3	4	5

1~2 수환이네 반 학생들의 성씨를 조사하였습니다. 물음에 답해 보세요.

수환이네 반 학생들의 성씨

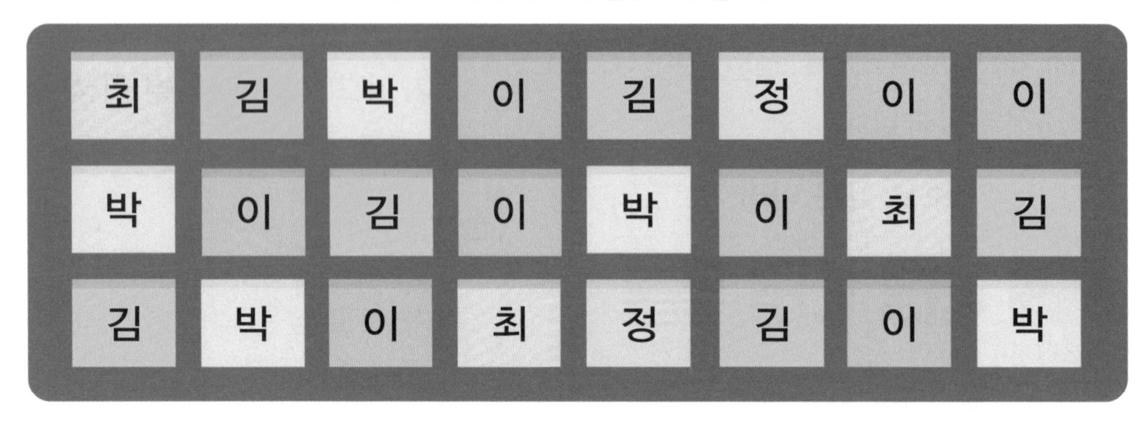

최	김	박	이	김	정	이	이
박	이	김	이	박	이	최	김
김	박	이	최	정	김	이	박

1 수환이네 반 학생들은 모두 몇 명인지 구해 보세요.

( )

2 조사한 자료를 보고 ○를 이용하여 그래프로 나타내 보세요.

수환이네 반 학생들의 성씨별 학생 수

8					
7					
6					
5					
4					
3					
2					
1					
학생 수(명) / 성씨	최	김	박	이	정

바른 답 37쪽

3~5 어느 해 7월부터 10월까지 달력입니다. 물음에 답해 보세요.

7월

일	월	화	수	목	금	토
	1	2	3	4	5	6
7	8	9	10	11	12	13
14	15	16	17	18	19	20
21	22	23	24	25	26	27
28	29	30	31			

8월

일	월	화	수	목	금	토
				1	2	3
4	5	6	7	8	9	10
11	12	13	14	15	16	17
18	19	20	21	22	23	24
25	26	27	28	29	30	31

9월

일	월	화	수	목	금	토
1	2	3	4	5	6	7
8	9	10	11	12	13	14
15	16	17	18	19	20	21
22	23	24	25	26	27	28
29	30					

10월

일	월	화	수	목	금	토
		1	2	3	4	5
6	7	8	9	10	11	12
13	14	15	16	17	18	19
20	21	22	23	24	25	26
27	28	29	30	31		

3 달력에서 빨간색으로 표시된 날은 공휴일입니다. 달력을 보고 공휴일 수를 표로 나타내 보세요.

월별 공휴일 수

월	7	8	9	10	합계
공휴일 수(일)					

4 **3**의 표를 보고 ×를 이용하여 그래프로 나타내 보세요.

월별 공휴일 수

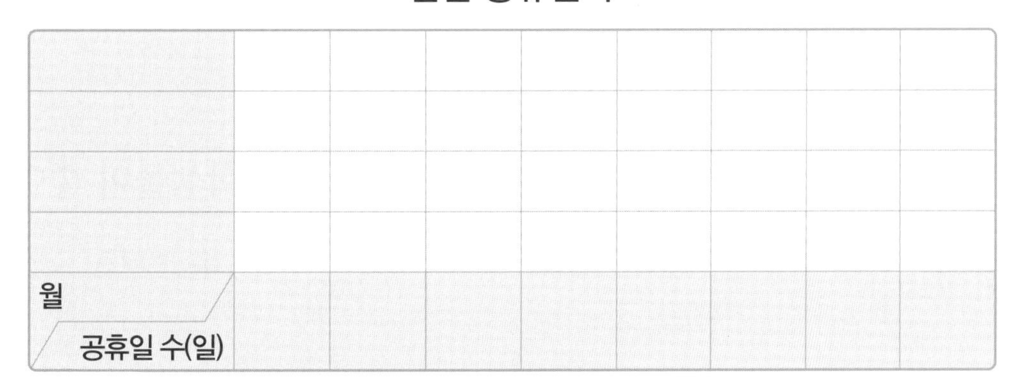

5 공휴일이 가장 많은 달부터 차례대로 써 보세요.

(　　　　　　　　　　　　　　　　)

바른 답 37쪽

1~2 영주네 반 학생들이 좋아하는 주스를 조사하여 나타낸 표와 그래프입니다. 물음에 답해 보세요.

좋아하는 주스별 학생 수

주스	사과	배	포도	귤	합계
학생 수(명)			4	3	

좋아하는 주스별 학생 수

6		○		
5	○	○		
4	○	○		
3	○	○		
2	○	○		
1	○	○		
학생 수(명) / 주스	사과	배	포도	귤

1 표와 그래프를 각각 완성해 보세요.

2 가장 많은 학생들이 좋아하는 주스와 가장 적은 학생들이 좋아하는 주스의 학생 수의 차는 몇 명인지 구해 보세요.

( )

공부한 날 월 일

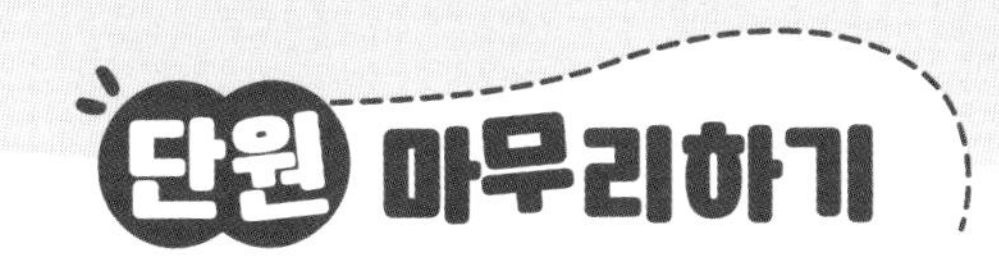

1~3 호영이와 친구들이 퀴즈에서 답을 맞힌 문제에 ○표, 틀린 문제에 ×표를 해서 나타낸 것입니다. 물음에 답해 보세요.

이름 \ 번호(번)	1	2	3	4	5	6
호영	○	×	○	×	○	○
다해	○	○	○	×	○	○
승민	×	○	×	○	○	×
효정	×	×	○	×	×	○

1 승민이가 맞힌 문제는 몇 개인지 구해 보세요.

( )

2 맞힌 문제 수를 세어 표로 나타내 보세요.

학생별 맞힌 문제 수

이름	호영	다해	승민	효정	합계
맞힌 문제 수(개)					

3 **2**의 표를 보고 ○를 이용하여 그래프로 나타내 보세요.

학생별 맞힌 문제 수

5				
4				
3				
2				
1				
맞힌 문제 수(개) / 이름	호영	다해	승민	효정

4 책장에 꽂혀 있는 책입니다. 종류별 책의 수를 표로 나타내 보세요.

종류별 책의 수

종류	동화	인물	과학	미술	합계
책의 수(권)					

5~6 보민이네 반에서 반장 선거를 한 후 후보자별 얻은 득표수를 조사하여 그래프로 나타냈습니다. 물음에 답해 보세요.

후보자별 얻은 득표수

김시언	/	/	/				
한정민	/	/	/	/			
이종호	/	/	/	/	/	/	/
박보민	/	/	/	/	/		
후보자 / 득표수(표)	1	2	3	4	5	6	7

5 득표수가 가장 많은 후보자가 반장이 될 때 반장이 된 후보자는 누구인가요?

( )

6 그래프를 보고 알 수 없는 내용을 찾아 기호를 써 보세요.

㉠ 득표수가 가장 적은 후보자를 알 수 있습니다.
㉡ 득표수가 가장 많은 후보자부터 차례대로 정리할 수 있습니다.
㉢ 보민이가 어떤 후보자에게 투표했는지 알 수 있습니다.

( )

바른 답 38쪽

7~8 혜선이네 모둠 학생들이 바구니에 공을 10개씩 던졌을 때 바구니에 넣은 공의 수를 조사하여 나타낸 표와 그래프입니다. 물음에 답해 보세요.

바구니에 넣은 공의 수

이름	혜선	희철	정미	명호	합계
공의 수(개)	5			4	19

바구니에 넣은 공의 수

7				
6				
5	×			
4	×			×
3	×	×		×
2	×	×		×
1	×	×		×
공의 수(개) / 이름	혜선	희철	정미	명호

7 표와 그래프를 각각 완성해 보세요.

8 바구니에 넣은 공이 5개보다 적은 학생들은 모두 몇 명인지 구해 보세요.

(　　　　　　　　)

빠른 개념 찾기

틀린 문제는 개념을 다시 확인해 보세요.

개념	문제 번호
01 자료를 분류하여 표로 나타내 볼까요	4
02 자료를 조사하여 표로 나타내 볼까요	1, 2
03 자료를 분류하여 그래프로 나타내 볼까요	3
04 표와 그래프를 보고 무엇을 알 수 있을까요	5, 6
05 표와 그래프로 나타내 볼까요	7, 8

규칙 찾기

개념	공부 계획
01 무늬에서 규칙을 찾아볼까요(1)	월 일
02 무늬에서 규칙을 찾아볼까요(2)	월 일
03 쌓은 모양에서 규칙을 찾아볼까요	월 일
04 덧셈표에서 규칙을 찾아볼까요	월 일
05 곱셈표에서 규칙을 찾아볼까요	월 일
06 생활에서 규칙을 찾아볼까요	월 일
단원 마무리하기	월 일

무늬에서 규칙을 찾아볼까요(1)

무늬에서 규칙 찾기

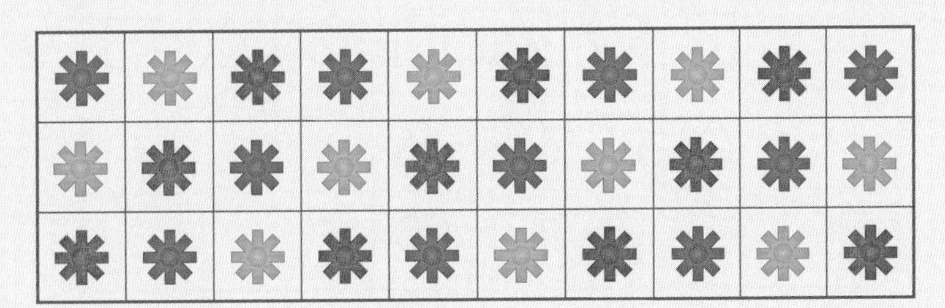

반복되는 부분을
이용해 규칙을
찾아봐.

① 보라색, 초록색, 빨간색이 반복됩니다.
② ↙ 방향으로 같은 색이 반복됩니다.
③ 규칙을 쉽게 찾기 위해 는 1, 는 2, 는 3으로 바꾸어 나타낼 수도 있습니다.

1	2	3	1	2	3	1	2	3	1
2	3	1	2	3	1	2	3	1	2
3	1	2	3	1	2	3	1	2	3

개념 확인하기

1 그림을 보고 물음에 답해 보세요.

노란색 파란색
빨간색

(1) □ 안에 알맞은 말을 써넣으세요.

빨간색, □, 파란색이 반복되는 규칙입니다.

(2) 빈칸에 들어갈 모양을 찾아 ○표 하세요.

(● , ● , ●)

1~2 그림을 보고 물음에 답해 보세요.

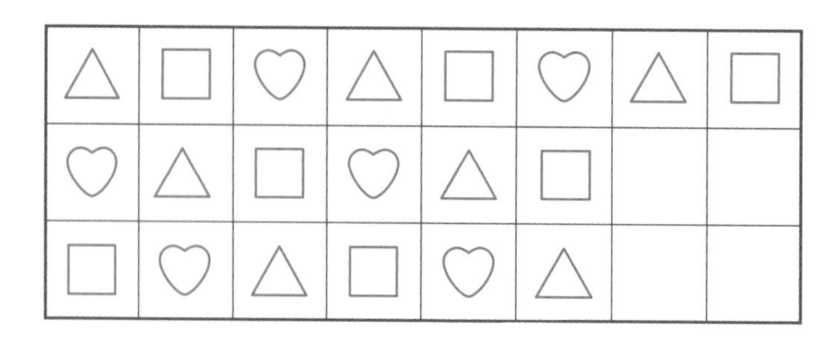

△	□	♡	△	□	♡	△	□
♡	△	□	♡	△	□		
□	♡	△	□	♡	△		

1 규칙을 찾아 빈칸을 완성해 보세요.

2 위의 그림에서 △는 1, □는 2, ♡는 3으로 바꾸어 나타내 보세요.

1	2	3	1	2	3	1	2
3	1	2	3	1			

3 규칙을 찾아 □ 안에 알맞은 모양을 그리고 색칠해 보세요.

   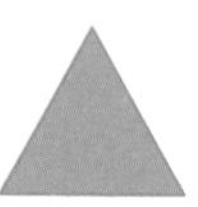     

4~5 벽에 타일을 규칙에 따라 놓았습니다. 물음에 답해 보세요.

4 규칙에 맞게 ㉠과 ㉡에 알맞은 글자를 각각 써 보세요.

㉠ ( ), ㉡ ( )

5 벽에 타일을 놓은 규칙을 찾아 써 보세요.

규칙 ______________________________

____

6 규칙을 정해 3가지 색을 이용하여 성을 색칠해 보세요.

바른 답 39쪽

1 책상 위에 카드를 규칙에 따라 놓았습니다. 마지막에 놓을 카드는 어떤 색깔이고, 어떤 글자인지 차례대로 써 보세요.

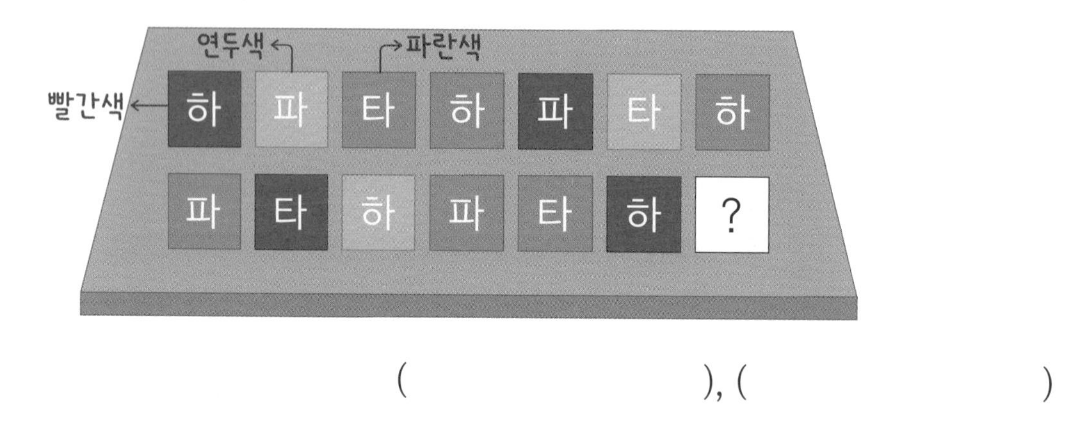

(　　　　　　　　), (　　　　　　　　)

2 수 카드를 규칙에 따라 놓았습니다. 다음에 이어질 두 수의 합을 구해 보세요.

8　2　5　8　2　5　8　2　5　……

(　　　　　　　　)

무늬에서 규칙을 찾아볼까요(2)

색칠된 방향의 규칙 찾기

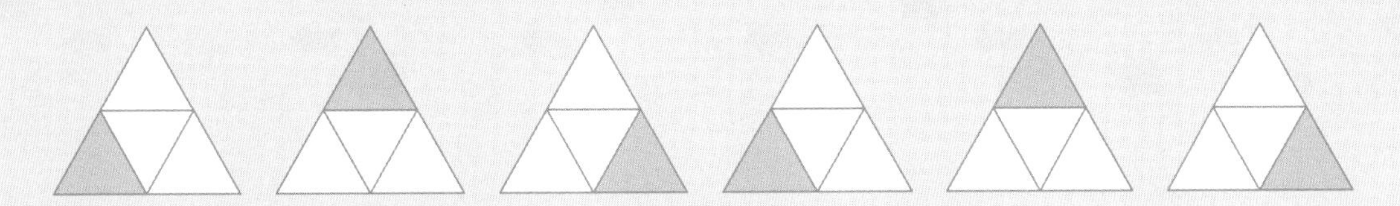

➡ 보라색으로 색칠되어 있는 부분이 시계 방향으로 돌아가고 있습니다.

구슬을 꿰는 규칙 찾기

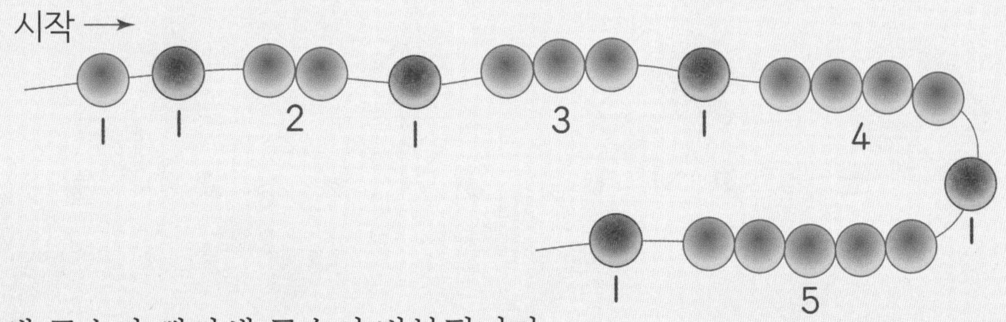

① 파란색 구슬과 빨간색 구슬이 반복됩니다.
② 파란색 구슬은 1개, 2개, 3개, 4개, 5개로 늘어나고, 늘어날 때마다 빨간색 구슬을 1개씩 꿰었습니다.

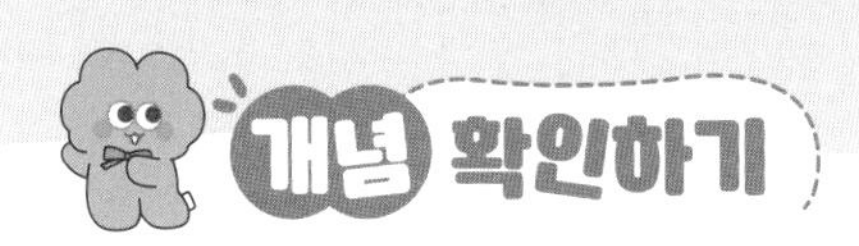

1 규칙을 찾아 알맞게 색칠해 보세요.

2 규칙을 찾아 농구공과 야구공 중에서 □ 안에 알맞은 공의 이름을 써 보세요.

(　　　　　　　　)

1 규칙을 찾아 ■를 알맞게 그려 넣으세요.

2 규칙을 찾아 그림을 완성해 보세요.

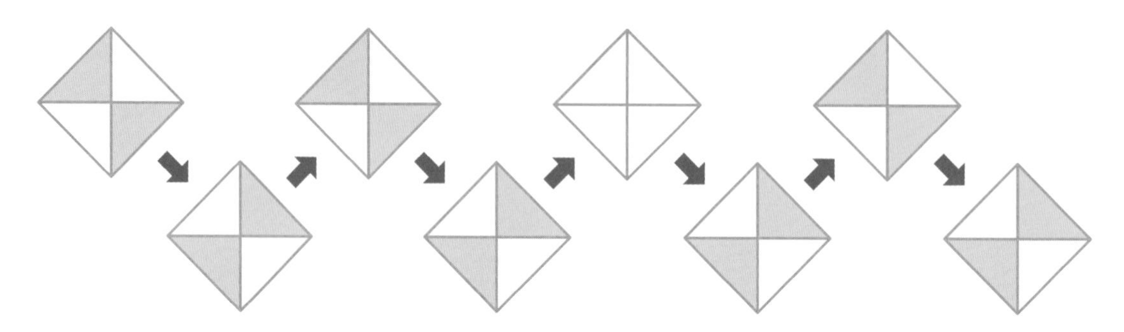

3 규칙을 찾아 다음에 이어질 알맞은 모양의 기호를 써 보세요.

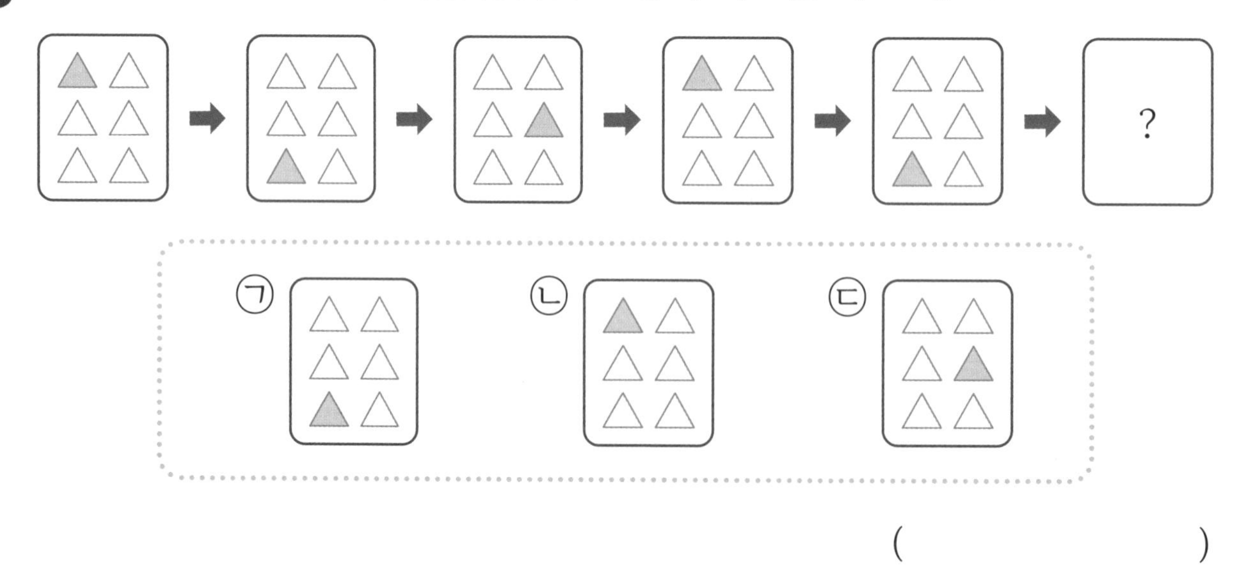

(　　　　　　　)

바른 답 40쪽

4 구슬을 규칙적으로 실에 꿰고 있습니다. 규칙을 찾아 ㉠과 ㉡에 알맞은 구슬의 색깔을 각각 써 보세요.

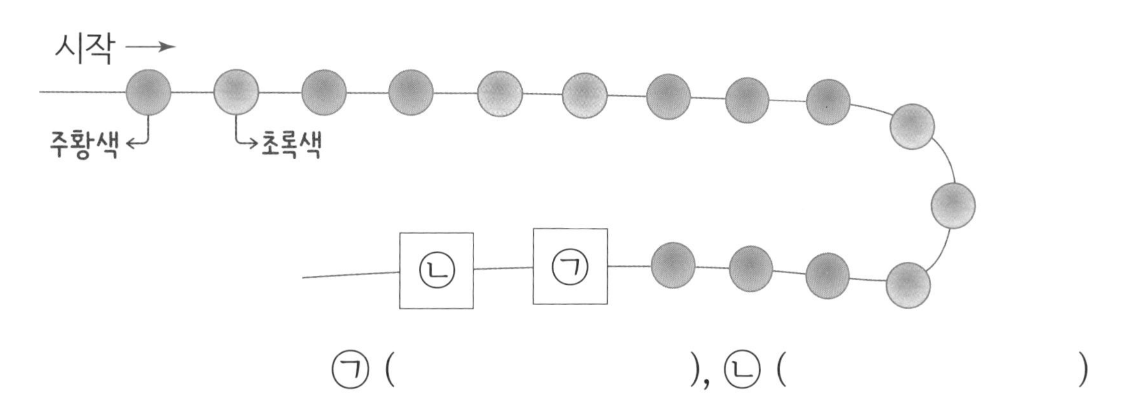

㉠ (　　　　　　　), ㉡ (　　　　　　　)

5 규칙을 찾아 •을 알맞게 그리고, 규칙을 써 보세요.

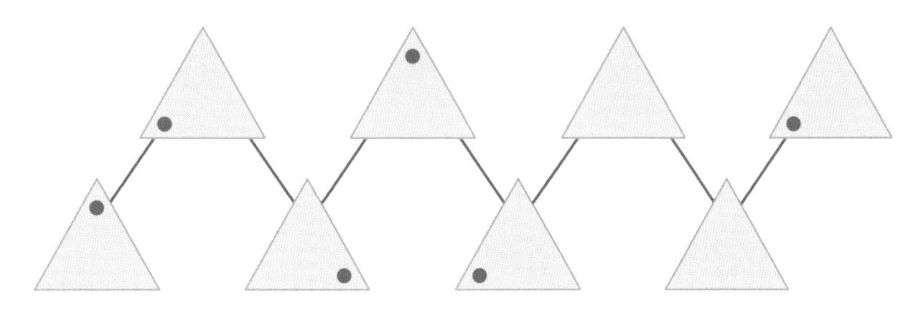

규칙 ______________________________

____

6 흰색 바둑돌과 검은색 바둑돌을 규칙에 따라 놓고 있습니다. 규칙을 찾아 □ 안에 바둑돌을 알맞게 그리고, 규칙을 써 보세요.

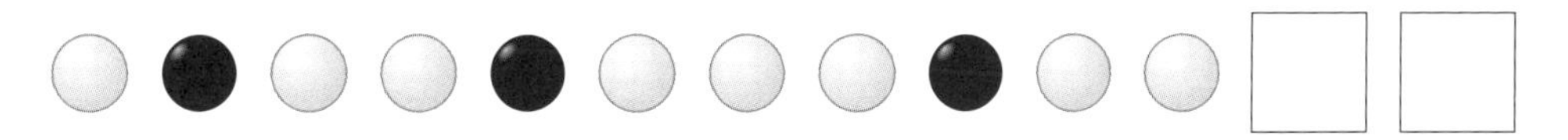

규칙 ______________________________

____

바른 답 40쪽

1 다희는 규칙에 따라 도미노를 세우고 있습니다. 다음에 세워야 하는 초록색 도미노는 몇 개인지 구해 보세요.

(　　　　　　　　)

2 다음은 규칙적으로 도형을 그린 것입니다. 규칙을 찾아 열세 번째에 그릴 도형을 색칠해 보세요.

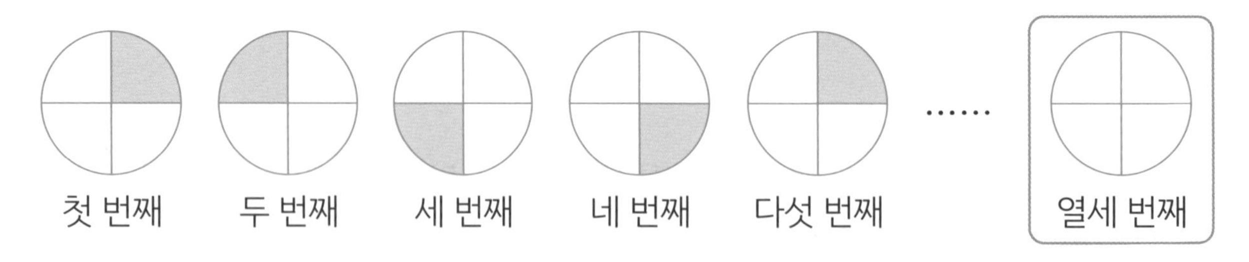

03 쌓은 모양에서 규칙을 찾아볼까요

쌓기나무로 쌓은 모양에서 규칙 찾기

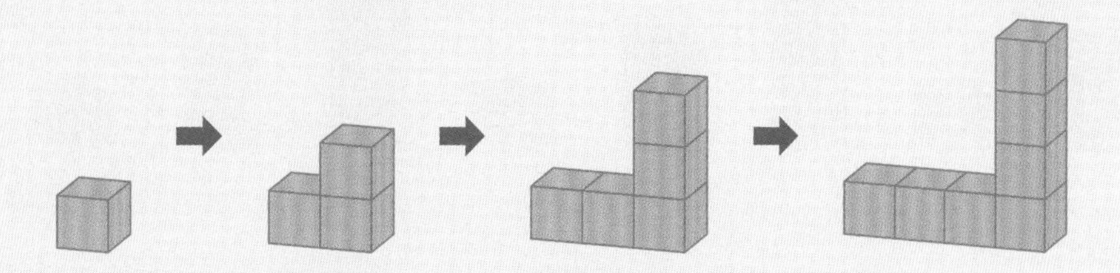

① 쌓기나무가 왼쪽에 1개, 위쪽에 1개씩 늘어납니다.
② 전체적으로 쌓기나무가 2개씩 늘어납니다.

다음에 올 모양에 쌓을 쌓기나무의 수 알아보기

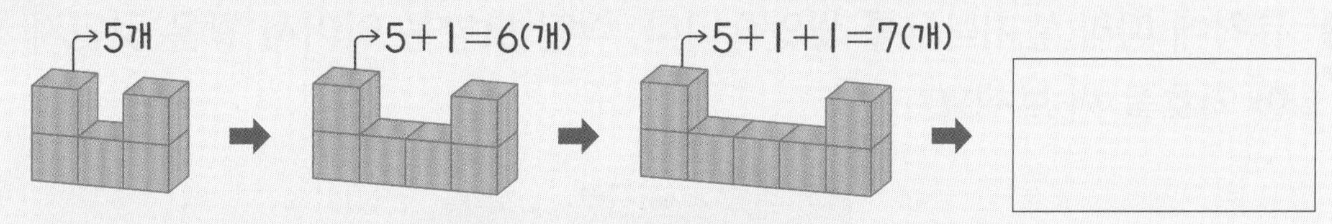

① 1층의 가운데 쌓기나무가 1개씩 늘어납니다.
② 다음에 올 모양에 쌓을 쌓기나무는 5+1+1+1=8(개)입니다.

1 규칙에 따라 쌓기나무를 쌓았습니다. 알맞은 것에 ○표 하세요.

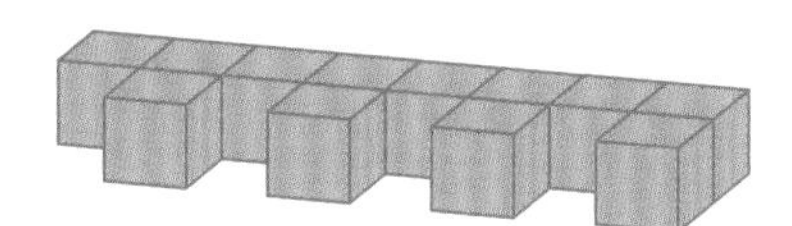

(ㄱ , ㅜ)자 모양을 이어서 쌓았습니다.

2 규칙에 따라 쌓기나무를 쌓았습니다. □ 안에 알맞은 수를 써넣으세요.

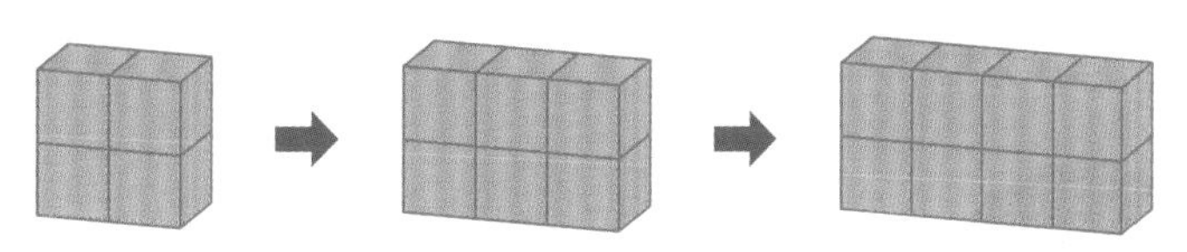

쌓기나무가 □개씩 늘어납니다.

1 규칙에 따라 쌓기나무를 쌓았습니다. □ 안에 알맞은 수를 써넣으세요.

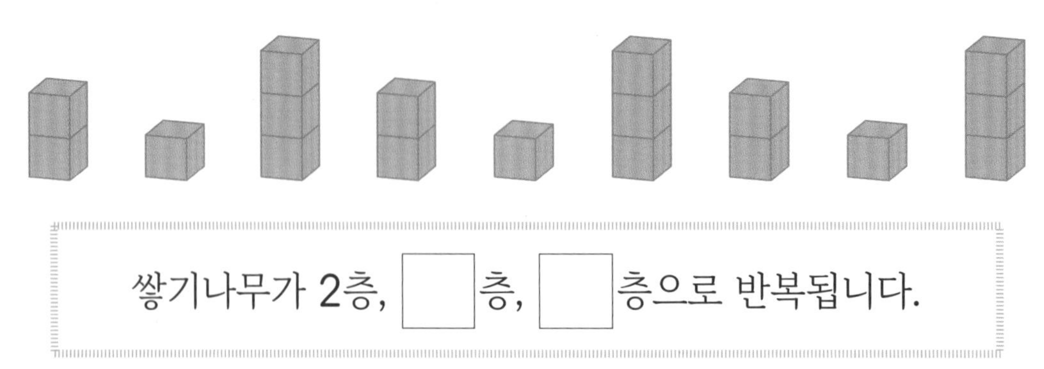

쌓기나무가 2층, □층, □층으로 반복됩니다.

2 규칙에 따라 쌓기나무를 쌓았습니다. 어떤 모양을 이어서 쌓은 것인지 찾아 기호를 써 보세요.

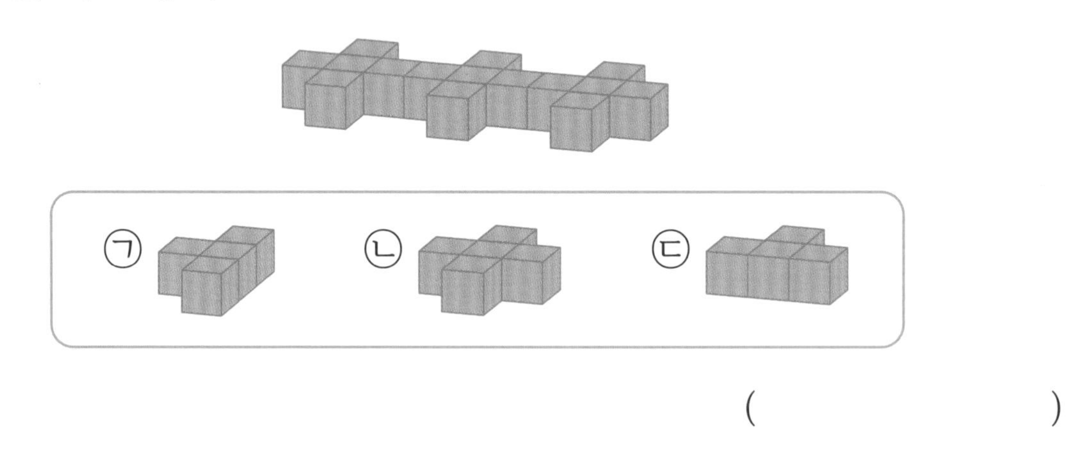

(　　　　　　　)

3 규칙에 따라 쌓기나무를 쌓았습니다. 규칙을 옳게 말한 친구의 이름을 써 보세요.

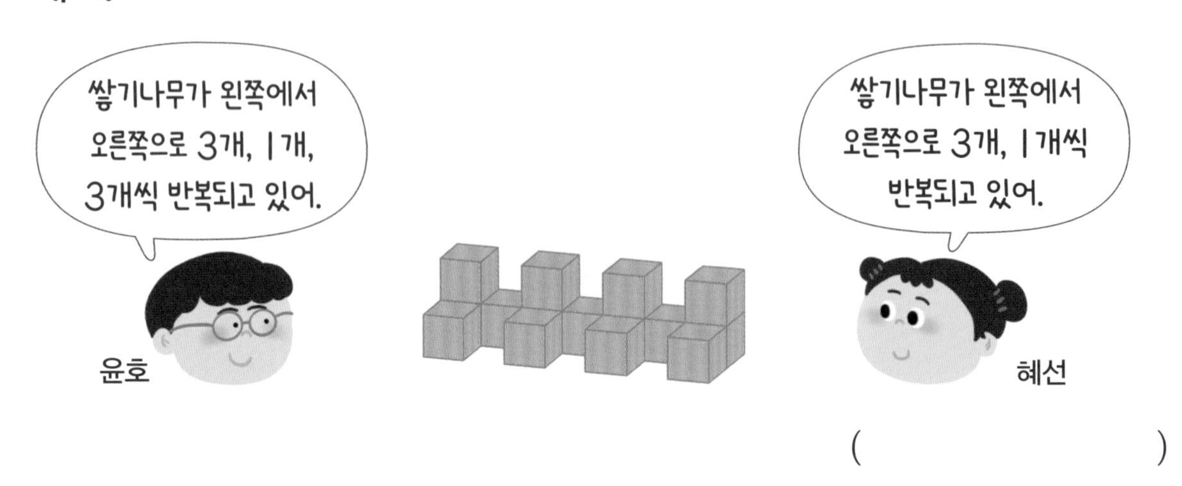

(　　　　　　　)

바른 답 41쪽

4~5 규칙에 따라 쌓기나무를 쌓았습니다. 물음에 답해 보세요.

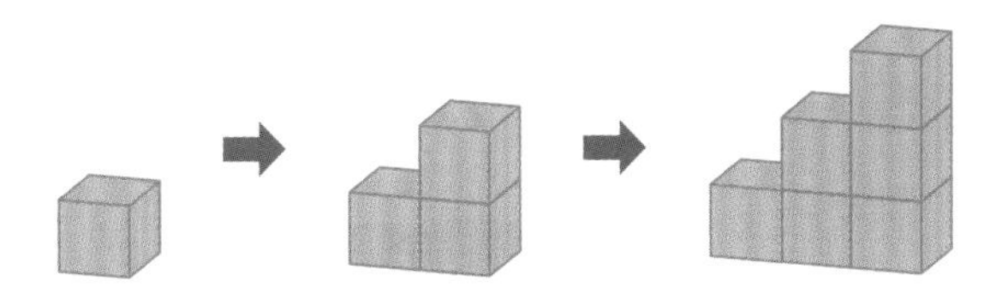

4 쌓기나무를 2층과 3층으로 쌓은 모양에서 쌓기나무는 모두 몇 개인지 각각 구해 보세요.

2층 (　　　　　　　　)

3층 (　　　　　　　　)

5 쌓기나무를 4층으로 쌓기 위해서는 쌓기나무가 모두 몇 개 필요한지 구해 보세요.

(　　　　　　　　)

6 규칙에 따라 쌓기나무를 쌓았습니다. 쌓기나무를 쌓은 규칙을 찾아 써 보세요.

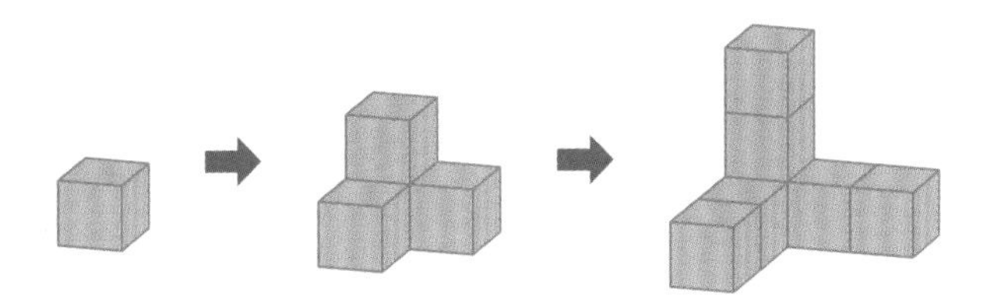

규칙 ______________________________

____

바른 답 41쪽

1 영민이는 규칙에 따라 모형을 쌓았습니다. 영민이가 모형을 4층으로 쌓기 위해서는 모형이 모두 몇 개 필요한지 구해 보세요.

(　　　　　　　　)

2 규칙에 따라 상자를 쌓았습니다. 상자를 5층으로 쌓기 위해서는 상자가 모두 몇 개 필요한지 구해 보세요.

(　　　　　　　　)

덧셈표에서 규칙을 찾아볼까요

덧셈표에서 규칙 찾기

두 수의 합을 이용해
만든 덧셈표에서 여러 가지
규칙을 찾아봐.

+	1	2	3	4	5
1	2	3	4	5	6
2	3	4	5	6	7
3	4	5	6	7	8
4	5	6	7	8	9
5	6	7	8	9	10

① ▬으로 칠해진 수는 아래쪽으로 내려갈수록 1씩 커지는 규칙이 있습니다.
② ▬으로 칠해진 수는 오른쪽으로 갈수록 1씩 커지는 규칙이 있습니다.
③ ↘ 방향으로 갈수록 2씩 커지는 규칙이 있습니다.
④ ↙ 방향으로 같은 수들이 있습니다.

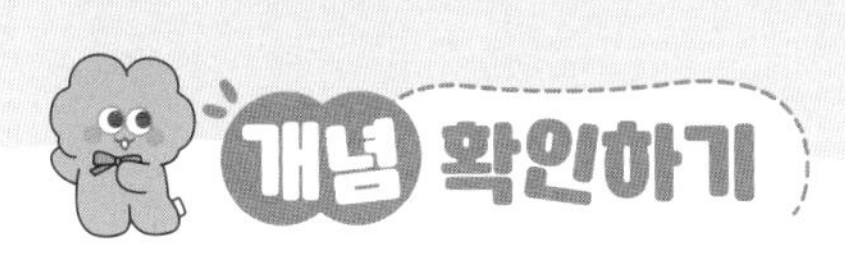

1 덧셈표에서 규칙을 찾아 □ 안에 알맞은 수를 써넣으세요.

+	3	4	5	6
3	6	7	8	9
4	7	8	9	10
5	8	9	10	11
6	9	10	11	12

- 같은 줄에서 아래쪽으로 내려갈수록 □씩 커집니다.
- 같은 줄에서 오른쪽으로 갈수록 □씩 커집니다.

1~3 덧셈표를 보고 물음에 답해 보세요.

+	4	5	6	7	8
4	8				12
5	9				13
6		11			14
7			13		15
8			14	15	16

1 빈칸에 알맞은 수를 써넣어 덧셈표를 완성해 보세요.

2 □ 안에 알맞은 수를 써넣으세요.

▬ 으로 칠해진 수는 ↘ 방향으로 갈수록 □씩 커지는 규칙이 있습니다.

3 ▬ 으로 칠해진 수의 규칙을 찾아 써 보세요.

규칙 ______________________

____

바른 답 42쪽

4~5 덧셈표를 보고 물음에 답해 보세요.

+	0	3	6	9
1	1		7	
4	4	7		
7	7			16
10				

4 빈칸에 알맞은 수를 써넣어 덧셈표를 완성해 보세요.

5 덧셈표에서 규칙을 찾아 써 보세요.

규칙 ______________________________

____

6 덧셈표에서 규칙을 찾아 빈칸에 알맞은 수를 써넣으세요.

+	0	1	2	3	4
0	0	1	2	3	4
1	1	2	3	4	5
2	2	3	4	5	6
3	3	4	5	6	7
4	4	5	6	7	

8 8 9 10 11 12 13 14 15 16

13	14	
		16
	17	18

바른 답 42쪽

1 덧셈표에서 ㉠, ㉡, ㉢ 중 가장 큰 수를 찾아 기호를 써 보세요.

+	6	7	8	9
6	12	13	14	㉠
7	13	㉡	15	16
8	14	15	16	17
9	15	16	㉢	18

(　　　　　　　)

2 나만의 덧셈표를 만들고, 만든 덧셈표에서 규칙을 찾아 써 보세요.

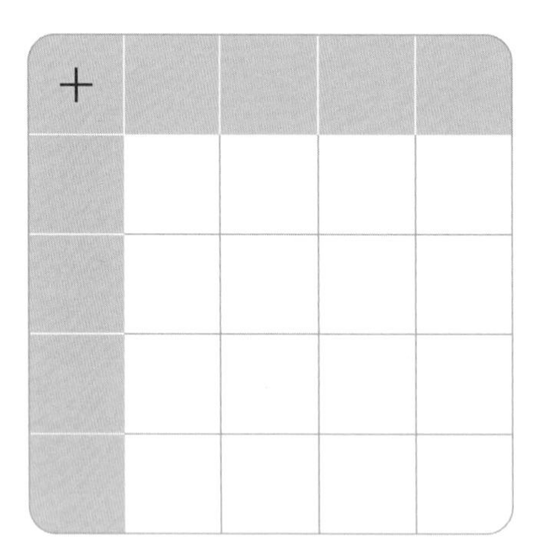

규칙 ____________________

____

곱셈표에서 규칙을 찾아볼까요

곱셈표에서 규칙 찾기

×	1	2	3	4	5
1	1	2	3	4	5
2	2	4	6	8	10
3	3	6	9	12	15
4	4	8	12	16	20
5	5	10	15	20	25

① ▬으로 칠해진 수는 오른쪽으로 갈수록 3씩 커지는 규칙이 있습니다.
② ▬으로 칠해진 수는 아래쪽으로 내려갈수록 4씩 커지는 규칙이 있습니다.
③ 2단, 4단 곱셈구구에 있는 수는 모두 짝수입니다.
④ 초록색 점선을 따라 접었을 때 만나는 수들은 서로 같습니다.

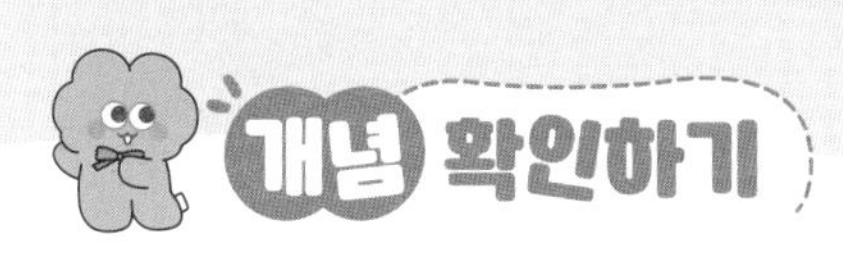

1 곱셈표에서 규칙을 찾아 □ 안에 알맞은 수나 말을 써넣으세요.

×	2	3	4	5
2	4	6	8	10
3	6	9	12	15
4	8	12	16	20
5	10	15	20	25

- 빨간색 점선에 놓인 수는 오른쪽으로 갈수록 □씩 커집니다.
- 2단, 4단 곱셈구구에 있는 수는 모두 □입니다.

1~2 곱셈표를 보고 물음에 답해 보세요.

×	5	6	7	8	9
5	25	30		40	45
6		36			
7	35	42			63
8	40			64	
9		54		72	81

1 빈칸에 알맞은 수를 써넣어 곱셈표를 완성해 보세요.

2 □ 안에 알맞은 수를 써넣으세요.

▭으로 칠해진 수는 아래쪽으로 내려갈수록 □씩 커지는 규칙이 있습니다.

3 곱셈표의 빈칸에 알맞은 수를 써넣고, 알맞은 말에 ○표 하세요.

×	3	5	7	9
3	9	15	21	27
5				
7	21		49	
9		45		

곱셈표에 있는 수들은 모두 (홀수 , 짝수)입니다.

바른 답 43쪽

4 곱셈표의 빈칸에 알맞은 수를 써넣고, □ 안에 알맞은 수를 써넣으세요.

×	1	3	5	7
2				
4				
6				
8				

5~6 곱셈표를 보고 물음에 답해 보세요.

×	2	3	4	5	6
2	4	6	8	10	12
3	6	9	12	15	㉠
4	8	12	16	20	24
5	10	㉡	20	25	30
6	12	18	24	30	36

5 ▬ 으로 칠해진 수의 규칙을 찾아 써 보세요.

규칙 ______________________________

____

6 ㉠과 ㉡에 알맞은 수의 합을 구해 보세요.

( )

1 곱셈표에서 ㉠과 ㉡에 알맞은 수를 각각 구해 보세요.

×			㉡	9
6	36	42	48	54
㉠	42	49	56	63
	48	56	64	72
	54	63	72	81

㉠ (　　　　　　)

㉡ (　　　　　　)

2 나만의 곱셈표를 만들고, 만든 곱셈표에서 규칙을 찾아 써 보세요.

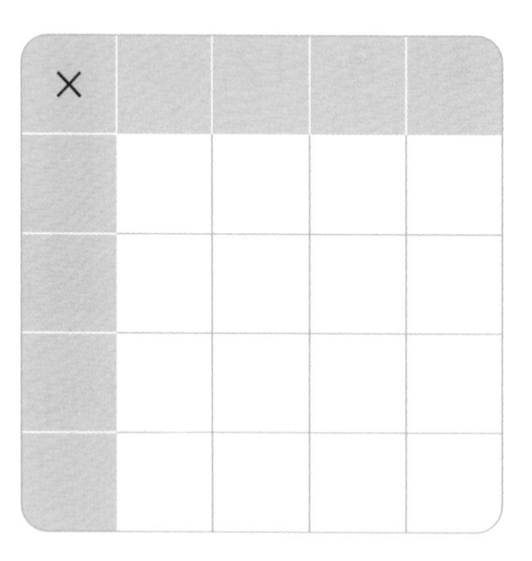

규칙 ____________________

____

생활에서 규칙을 찾아볼까요

신호등에서 규칙 찾기

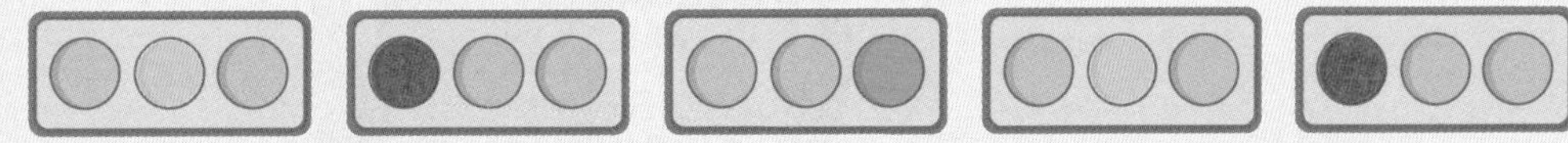
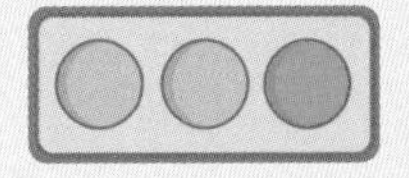
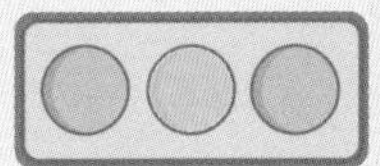
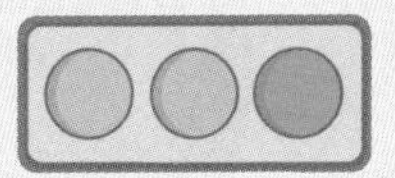
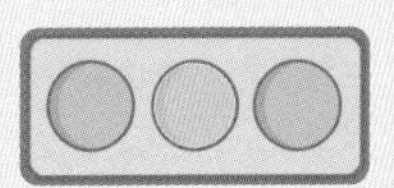
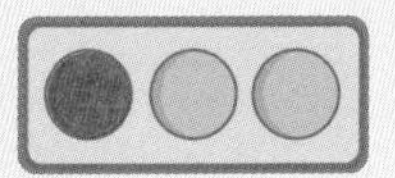

➡ 도로에 있는 신호등은 초록색, 노란색, 빨간색의 순서로 등의 색깔이 바뀝니다.

엘리베이터 버튼의 수에서 규칙 찾기

① 같은 줄에서 아래쪽으로 내려갈수록 1씩 작아지는 규칙이 있습니다.
② 같은 줄에서 오른쪽으로 갈수록 5씩 커지는 규칙이 있습니다.
③ ↘ 방향으로 갈수록 4씩 커지는 규칙이 있습니다.
④ ↙ 방향으로 갈수록 6씩 작아지는 규칙이 있습니다.

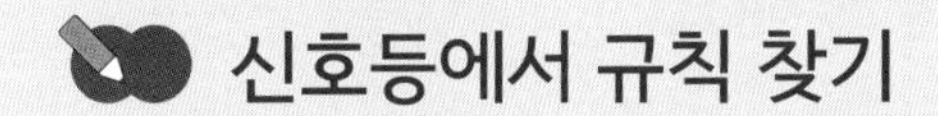

1 컴퓨터 자판의 수에서 규칙을 찾아 □ 안에 알맞은 수를 써넣으세요.

(1) 같은 줄에서 오른쪽으로 갈수록 □씩 커집니다.

(2) 같은 줄에서 위쪽으로 올라갈수록 □씩 커집니다.

(3) ↘ 방향으로 갈수록 □씩 작아집니다.

1 가방에서 규칙을 찾아 □ 안에 알맞은 말을 써넣으세요.

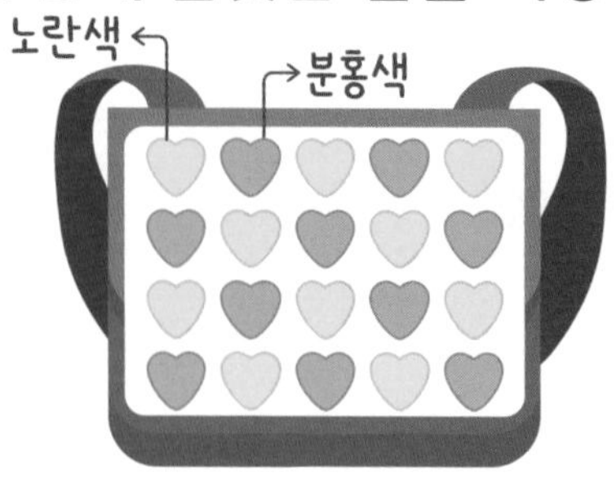

하트 모양 무늬가 노란색, □으로 반복되는 규칙이 있습니다.

2~3 사물함에 규칙적으로 번호가 붙어 있습니다. 물음에 답해 보세요.

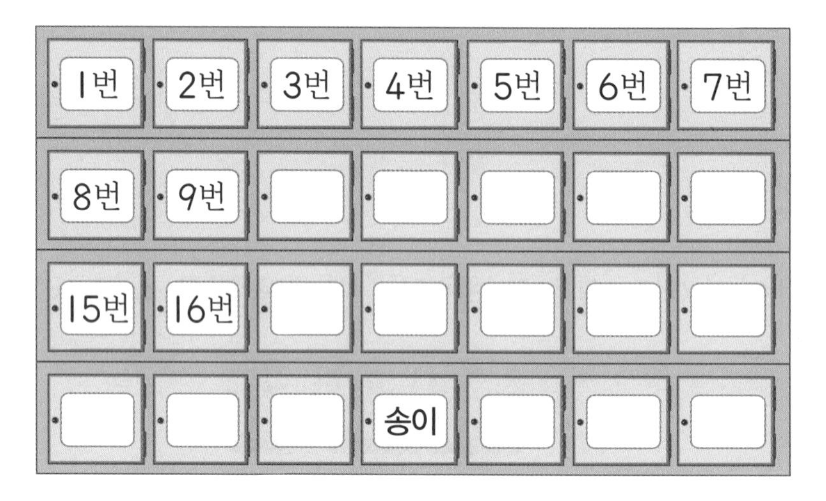

2 □ 안에 알맞은 수를 써넣으세요.

사물함 번호는 아래쪽으로 내려갈수록
□씩 커지는 규칙이 있습니다.

3 송이의 사물함 번호는 몇 번인지 구해 보세요.

(　　　　　　　　)

4 규칙을 찾아 시곗바늘을 알맞게 그려 보세요.

5 전화기 버튼의 수에서 규칙을 찾아 2가지를 써 보세요.

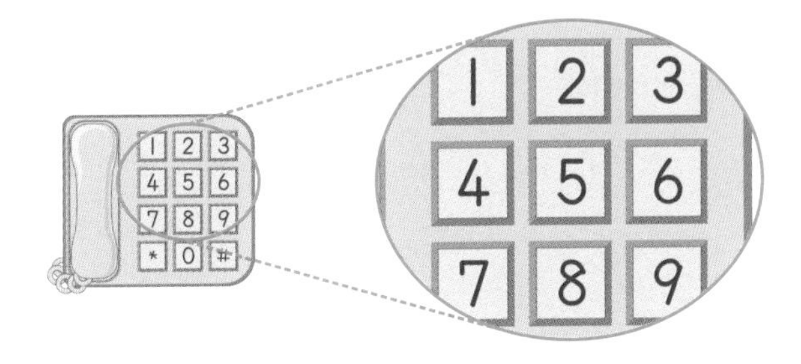

규칙1 ______________________

규칙2 ______________________

6 유희가 살고 있는 아파트입니다. 아파트 호수에서 규칙을 찾아 유희네 집은 몇 호인지 구해 보세요.

( )

바른 답 44쪽

1 버스가 일정한 규칙에 따라 출발한다고 합니다. 영호가 타야 하는 버스는 몇 시 몇 분에 출발하는지 구해 보세요.

순서	출발 시각
첫 번째	5시
두 번째	5시 20분
세 번째	5시 40분
네 번째	6시

(　　　　　　　　)

2 4월 1일은 수요일입니다. 규칙을 찾아 □ 안에 알맞은 수나 말을 써넣으세요.

4월 1일 ➡ 4월 8일 ➡ 4월 15일 ➡ 4월 □일 □요일

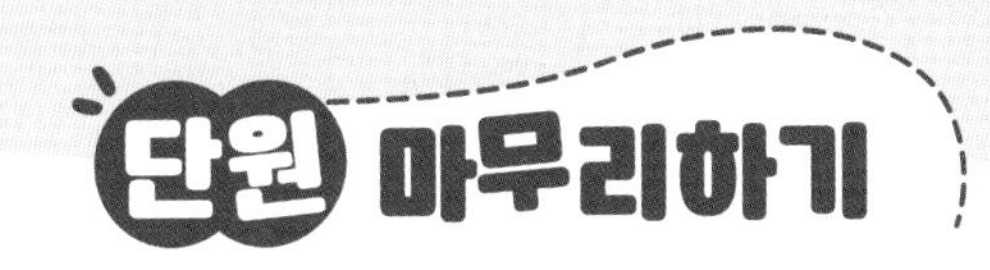

1 왼쪽 그림에서 딸기는 1, 귤은 2로 바꾸어 나타내 보세요.

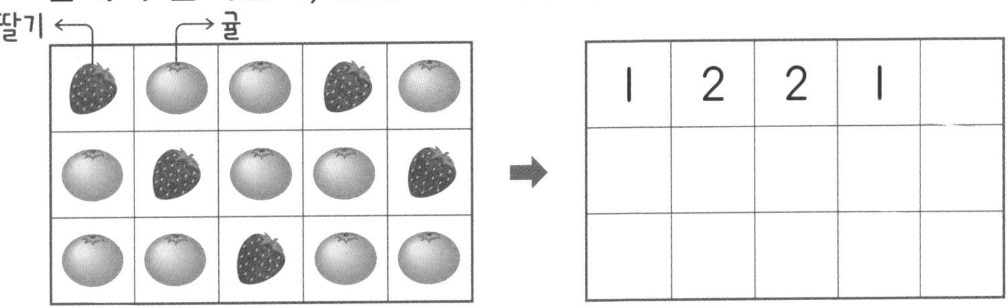

2 규칙을 찾아 그림을 완성해 보세요.

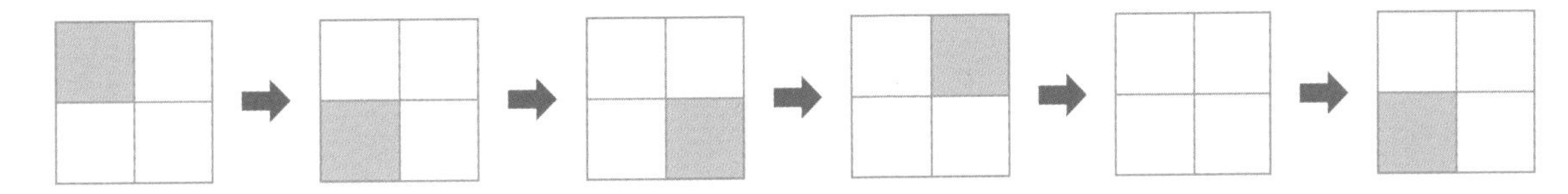

3 빈칸에 알맞은 수를 써넣어 덧셈표를 완성해 보세요.

+	2	4	6	8
1	3	5	7	
3	5	7	9	
5	7	9		
7				

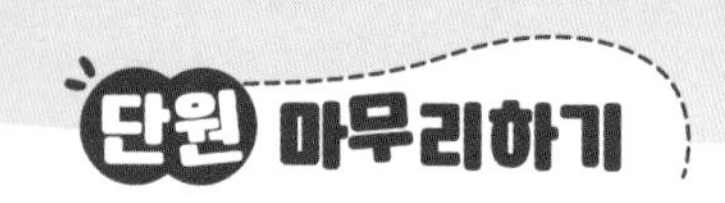

4~5 어느 해 11월의 달력입니다. 물음에 답해 보세요.

11월

일	월	화	수	목	금	토
	1	2	3	4	5	6
7	8	9	10	11	12	13
14	15	16	17	18	19	20
21	22	23	24	25	26	27
28	29	30				

4 금요일은 며칠마다 반복되는지 써 보세요.

(　　　　　　　　)

5 달력에서 찾을 수 있는 규칙이 아닌 것을 찾아 기호를 써 보세요.

> ㉠ 왼쪽으로 갈수록 1씩 작아지는 규칙이 있습니다.
> ㉡ 위쪽으로 올라갈수록 7씩 작아지는 규칙이 있습니다.
> ㉢ ↙ 방향으로 갈수록 5씩 커지는 규칙이 있습니다.

(　　　　　　　　)

6 규칙에 따라 쌓기나무를 쌓았습니다. 다섯 번째 모양에 쌓을 쌓기나무는 모두 몇 개인지 구해 보세요.

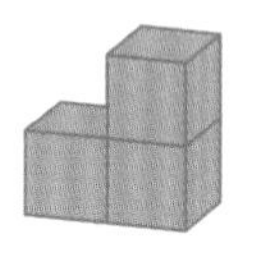
첫 번째

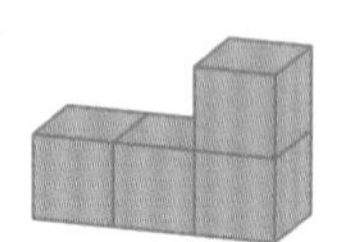
두 번째

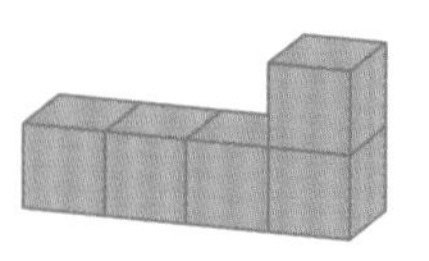
세 번째

(　　　　　　　　)

7 지현이는 규칙에 따라 블록을 쌓고 있습니다. 지현이가 5층과 6층에 쌓아야 할 블록은 각각 몇 개인지 구해 보세요.

5층 (　　　　　　　　), 6층 (　　　　　　　　)

8 곱셈표에서 ㉠－㉡＋㉢의 값을 구해 보세요.

×	4	5	6	7
4	16	20	24	㉠
5	㉡	25	30	35
6	24	30	36	42
7	28	㉢	42	49

(　　　　　　　　)

빠른 개념 찾기

틀린 문제는 개념을 다시 확인해 보세요.

개념	문제 번호
01 무늬에서 규칙을 찾아볼까요(1)	1
02 무늬에서 규칙을 찾아볼까요(2)	2
03 쌓은 모양에서 규칙을 찾아볼까요	6, 7
04 덧셈표에서 규칙을 찾아볼까요	3
05 곱셈표에서 규칙을 찾아볼까요	8
06 생활에서 규칙을 찾아볼까요	4, 5

메모

메모

메모

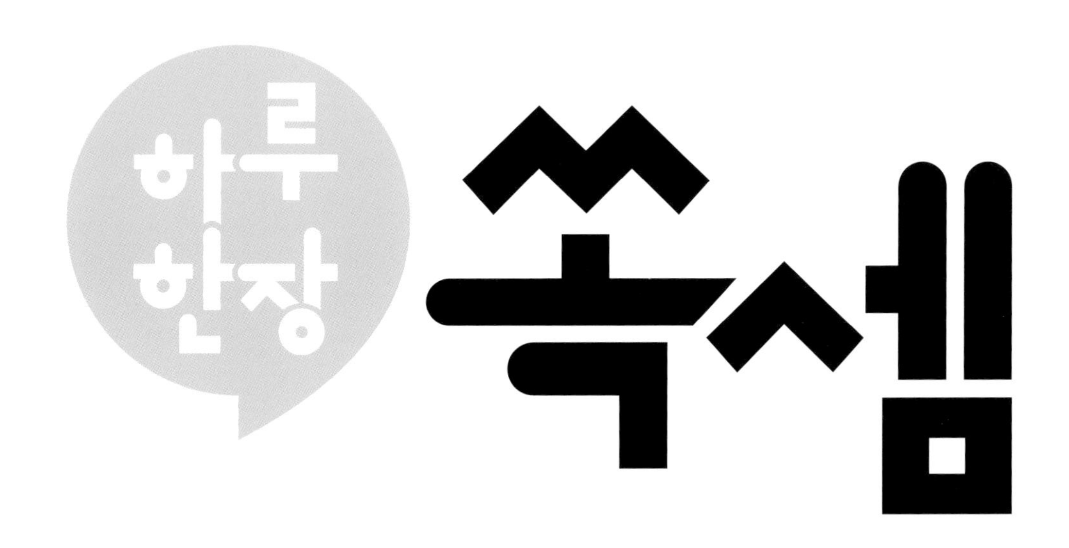

하루 한장 쏙셈으로 연산 원리를 익히고,
하루 한장 쏙셈+로 연산 응용력을 키우세요.
초등 수학의 자신감, 하루 한장 쏙셈으로 키우세요!

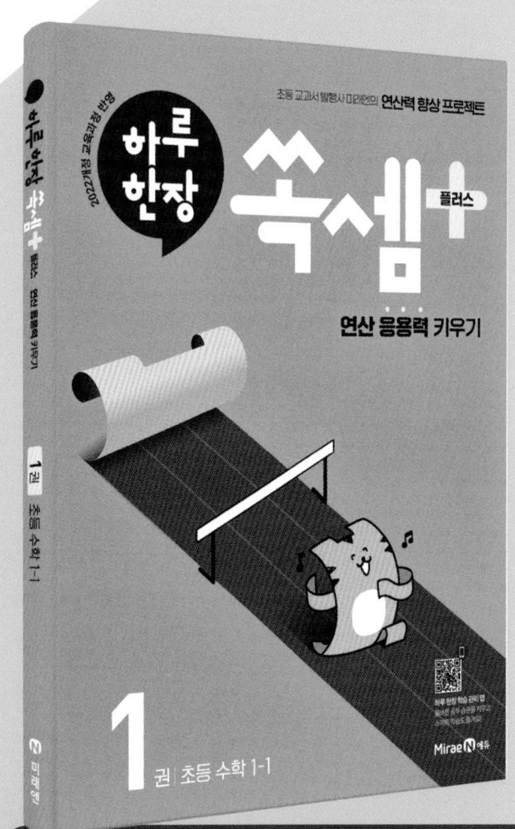

교과 연산력을 키우는
쏙셈

- 초등 수학의 기초 실력 다지기
- 교과 단원별 연산 문제를 집중 연습하고 싶을 때

1~6학년 학기별(12책)

연산 응용력을 강화하는
쏙셈+플러스

- 초등 수학의 문제 해결력 키우기
- 문장제 반복 학습으로 연상 응용력을 키우고 싶을 때

1~6학년 학기별(12책)

미래엔

초등 도서 목록

교과서 달달 쓰기 · 교과서 달달 풀기

1~2학년 국어 • 수학 교과 학습력을 향상시키고
초등 코어를 탄탄하게 세우는 기본 학습서
[4책] 국어 1~2학년 학기별
[4책] 수학 1~2학년 학기별

미래엔 교과서 길잡이, 초코

초등 공부의 핵심[CORE]를 탄탄하게 해 주는
슬림 & 심플한 교과 필수 학습서
[8책] 국어 3~6학년 학기별, [8책] 수학 3~6학년 학기별
[8책] 사회 3~6학년 학기별, [8책] 과학 3~6학년 학기별

전과목 단원평가

빠르게 단원 핵심을 정리하고, 수준별 문제로 실전력을 키우는
교과 평가 대비 학습서
[8책] 3~6학년 학기별

문제 해결의 길잡이

원리 8가지 문제 해결 전략으로 문장제와 서술형 문제 정복
[12책] 1~6학년 학기별

심화 문장제 유형 정복으로 초등 수학 최고 수준에 도전
[6책] 1~6학년 학년별

초등 필수 어휘를 퍼즐로 재미있게 익히는 학습서
[3책] 사자성어, 속담, 맞춤법

하루한장 예비 초등

한글완성

초등학교 입학 전 한글 읽기·쓰기 동시에 끝내기
[3책] 기본 자모음, 받침, 복잡한 자모음

예비초등

기본 학습 능력을 향상하며 초등학교 입학을 준비하기
[4책] 국어, 수학, 통합교과, 학교생활

하루한장 독해

독해 시작편

초등학교 입학 전 기본 문해력 익히기 30일 완성
[2책] 문장으로 시작하기, 짧은 글 독해하기

어휘

문해력의 기초를 다지는 초등 필수 어휘 학습서
[6책] 1~6학년 단계별

독해

국어 교과서와 연계하여 문해력의 기초를 다지는 독해 기본서
[6책] 1~6학년 단계별

독해+플러스

본격적인 독해 훈련으로 문해력을 향상시키는 독해 실전서
[6책] 1~6학년 단계별

비문학 독해 (사회편·과학편)

비문학 독해로 배경지식을 확장하고 문해력을 완성시키는
독해 심화서
[사회편 6책, 과학편 6책] 1~6학년 단계별

초등학교에서 탄탄하게 닦아 놓은
공부력이 중·고등 학습의 실력을 가릅니다.

하루한장 쏙셈

쏙셈 시작편
초등학교 입학 전 연산 시작하기
[2책] 수 세기, 셈하기

쏙셈
교과서에 따른 수·연산·도형·측정까지 계산력 향상하기
[12책] 1~6학년 학기별

쏙셈+플러스
문장제 문제부터 창의·사고력 문제까지 수학 역량 키우기
[12책] 1~6학년 학기별

쏙셈 분수·소수
3~6학년 분수·소수의 개념과 연산 원리를 집중 훈련하기
[분수 2책, 소수 2책] 3~6학년 학년군별

하루한장 한국사

큰별★쌤 최태성의 한국사
최태성 선생님의 재미있는 강의와 시각 자료로
역사의 흐름과 사건을 이해하기
[3책] 3~6학년 시대별

하루한장 한자

그림 연상 한자로 교과서 어휘를 익히고 급수 시험까지 대비하기
[4책] 1~2학년 학기별

하루한장 급수 한자

하루한장 한자 학습법으로 한자 급수 시험 완벽하게 대비하기
[3책] 8급, 7급, 6급

하루한장 ENGLISH BITE

ENGLISH BITE 알파벳 쓰기
알파벳을 보고 듣고 따라쓰며 읽기·쓰기 한 번에 끝내기
[1책]

ENGLISH BITE 파닉스
자음과 모음 결합 과정의 발음 규칙 학습으로
영어 단어 읽기 완성
[2책] 자음과 모음, 이중자음과 이중모음

ENGLISH BITE 사이트 워드
192개 사이트 워드 학습으로 리딩 자신감 키우기
[2책] 단계별

ENGLISH BITE 영문법
문법 개념 확인 영상과 함께 영문법 기초 실력 다지기
[Starter 2책 , Basic 2책] 3~6학년 단계별

ENGLISH BITE 영단어
초등 영어 교육과정의 학년별 필수 영단어를
다양한 활동으로 익히기
[4책] 3~6학년 단계별

"문제 해결의 길잡이"와 함께 문제 해결 전략을 익히며 수학 사고력을 향상시켜요!

초등 수학 상위권 진입을 위한 "문제 해결의 길잡이" 비법 전략 4가지

비법 전략 1 문제 분석을 통한 수학 독해력 향상

문제에서 구하고자 하는 것과 주어진 조건을 찾아내는 훈련으로 수학 독해력을 키웁니다.

비법 전략 2 해결 전략 집중 학습으로 수학적 사고력 향상

문해길에서 제시하는 8가지 문제 해결 전략을 익히고 적용하는 과정을 집중 연습함으로써 수학적 사고력을 키웁니다.

비법 전략 3 문장제 유형 정복으로 고난도 수학 자신감 향상

문장제 및 서술형 유형을 풀이하는 연습을 반복적으로 함으로써 어려운 문제도 흔들림 없이 해결하는 자신감을 키웁니다.

비법 전략 4 스스로 학습이 가능한 문제 풀이 동영상 제공

해결 전략에 따라 단계별로 문제를 풀이하는 동영상 제공으로 자기 주도 학습 능력을 키웁니다.